U0275336

Faces of Cities

城市的 36 种表情

杨子葆 著

商务印书馆
The Commercial Press
创于1897

Contents　　目　录

辑一　城市容颜.............09

辑一

城市容颜

Part

1

第一部

生活在城市

01

Drinking Fountain

口渴，请喝这水

追溯都市发展史，与民生息息相关的水井和喷泉是城市公共空间里最早出现的"都市家具"。这些设施常是上位者对子民的慷慨赐予，在供配水系统还未全面建立的时代里，城市水井与喷泉提供市民们每日不可或缺的清洁水源，并大方地免费分享给外来者解渴洗尘，不但是必要的公共设施，也成为早期都市活动的中心。希腊时代的"阿果拉"（Agora）就是以水井或喷泉为中心的城市广场，人们在此聚集、聊天、交际、互通讯息、形成论坛，是所谓"公共生活"的中心，往往还会演变成贸易市集。前述围绕"阿果拉"所自然发生的公共活动，背后代表的精神是分享、交换、认同与信任，被认为是后世"市民精神"的基础，西方大哲人亚里士多德甚至曾指出，有没有"阿果拉"这样的地点是一座城市文明或野蛮的分界线。那么，我们是不是可以这么引申：城市公共水泉是城市文化的起点？

而《圣经》里记载，耶稣前往加里肋亚的路上途经一座名叫息哈尔的城市，曾因为口渴而向一位在城中"雅各伯泉"公共水井汲水的撒玛利亚妇人讨水喝，并且承诺未来将带给人们喝了永不再渴的"永生水泉"。

"永生水泉"在哪？没有人知道，它也许只是一种

维也纳各式造型的公共饮泉。

维也纳的公共饮泉。

巴黎街头的瓦拉士喷泉。

神话，一个象征。但市民与外来旅客对于水的真实需求却古今皆然，始终没有改变。科学家告诉我们：水是生命的源头，人体约 70% 由水构成，影响着身体各项运作与循环，几乎所有的化学作用都要靠水才能完成，消化系统分泌的消化酵素分解糖类、蛋白质需要有水才能发挥作用，新陈代谢后的废物也需要跟着水才能排出体外，一般人缺乏食物仍可以挣扎支撑一段时间，但没有水，据说三天内就面临死亡威胁。且不谈永生，今生今世，在缺乏自然洁净水流的城市里，我们必须创造人工水源。

即使自来水管线普及的时代里，出外奔波的路人依然不易取得饮用水源，对于这项的确存在的需求，中国民间社会曾在驿站、渡头、城市的交通节点出现了免费奉茶、暂停歇脚、简易但体贴的休息站。"奉茶"，成为一个温暖古意的专有名词。

融入市民生活的公共饮泉

西方常见做法则由官方或慈善家建立饮泉设施，例如十九世纪英国大慈善家华莱士爵士（Sir Richard Wallace,

充满阿拉伯风情的里斯本饮泉。

1818—1890）就曾于一八七〇年代邀请法国建筑师勒布尔（Charles-Auguste Lebourg，1829—1906）设计，以分别代表"仁爱""单纯""慈善""朴实"四位女神为造型，在巴黎市区广置墨绿铸铁精致铸造的洁净喷泉，免费供水去暑解渴。为纪念这位异国慈善家的善心与友谊，这项设施被命名为"华莱士喷泉"，并延续成为巴黎市公共建设的一项重要传统。直到今天，我们还可以很容易在花都看见新设的、十九世纪风格、汩汩流出解渴活水的华莱士喷泉，并成为巴黎城市的重要象征之一。

北马其顿首都斯科普里的公共涌泉。

苏黎世的饮泉，造型典雅、精致。

在意大利威尼斯，街童自然地饮用泉水。

其实不只巴黎，几乎每座有历史的欧洲城市里都可见公共饮泉踪迹，不但密度很高，而且很有设计感，或现代或古典，本身就是一件公共艺术作品，既能解身体枯渴，也能在精神层面上提供艺术灵感。例如在意大利威尼斯，我发现街角矗立、似乎永远会流出活水的铸铁饮泉，已经是街童生活中很自然的一部分；里斯本的饮泉，带着浓浓的阿拉伯风情，暗示着这座城市连接东西的历史地位；苏黎世的饮泉，端正稳重之余仍见精致细节；维也纳的饮泉，虽然只是座简单的饮水机，但却美丽得让人由衷赞叹；而我印象最深刻的是在南欧北马其顿首都斯科普里市中心咖啡座旁见识到的涌池，原以为它只有装饰市容的功能，没想到咖啡馆的服务生直接以玻璃瓶汲水上桌，带着一点自傲地告诉客人："这是斯科普里最甜、最干净的水。"

　　面对缺乏自然生机的水泥丛林，都市公共饮泉在我们这个时代当然仍被期待，但我们深心盼望的不仅是简单的洁净解渴之水，还有能提升我们心灵与精神，有关公共艺术设计、城市象征，乃至代表市民精神和价值依然存在的泉涌活水。

巴黎街头铸铁结构的公共座椅。

02

散步之必要！给市民一张座椅

城市幅员大小，与人们在其中移动的难易程度密切相关，这是美国都市史学者特非尔（James Trefil）的结论。特非尔在一九九四年提出一项有趣的比较研究：一八一九年英国伦敦大约有八十万人口，从市中心到都市边缘的半径长度则不超过三英里，市民以步行方式通勤、通学或购物的主要旅次所花时间大约在四十五分钟以内；到了一九九三年，伦敦人口达到了八百万，城市半径放大为约四十英里，一般市民开车或搭乘地下铁的主要旅次时间依然为四十五分钟。于是这位美国学者推论，人们对于城市里旅行时间的忍受度从古到今没有什

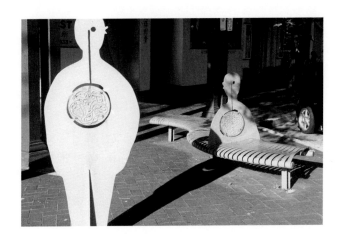

上：澳大利亚阿德莱德街头的公共座椅，玩心十足。

下：西班牙马德里街头的公共座椅诚意十足，铁铸雕刻细致，上有签名。

阿姆斯特丹街头的公共座椅，有种温润感。

么改变，因此当交通工具有了革命性的跃升时，城市规模就会等比随之扩张。

按照特非尔的"四十五分钟定律"的脉络审视，几乎所有的国际大城市都会变成"小汽车城市"，因为只有依赖这种超高效率的个人运输工具，现代人才能在已经过大了的都市里自由移动，这几乎成为城市避免不了的发展宿命。但是特非尔分析所忽略的是，效率改变了世界，而小汽车也粗暴地重写了城市的定义。

小汽车是一种"胶囊式"的交通工具，乘客被包裹在其中，旅行过程中根本不与城市互动，一旦小汽车主宰城市，某些特质就会被扼杀。美国的小汽车城市洛杉矶就是个著名的例子，在洛杉矶几乎每个人都开车，城市的三分之一与市中心的三分之二空间都是车道与停车场，美国地理学者布尔丁（Kenneth Boulding）曾评论这座城市是"由汽车创造而又被汽车摧毁的一团东西。无论如何，就城市这个词的古典意义而言，洛杉矶绝非一座城市"。荷兰运输学者德琼（Rudolf de Jong）也说，因为大家都开车，所以"两个人在洛杉矶偶然相遇是不可能的，这座城市事实上是一片巨大的郊区，没有市中心"。

　　幸亏这个世界除了洛杉矶之外，大部分城市的小汽车现象还没有那么严重，许多市民也还愿意在城市里散步逛游，而也有愈来愈多的城市管理者在市区里划设行人徒步区，创造更多城市步行的空间与机会，也让市民彼此之间，或人与都市环境之间有更多的互动，渐渐恢复城市的生气。

台北公共艺术座椅。

法国名设计师史塔克为巴黎公园设计名为《石板地上散布的鸽群》的公共座椅。

英国萨默塞特郡公园内一张用树干做的公共座椅。

体贴市民的公共座椅

　　人是血肉之躯，走累了就需要休息，因此城市公共座椅的数量与质量，就直接影响了市民步行的意愿，从而间接影响城市的气氛。欧洲许多大城市都有属于自己风格的公共座椅设计，例如巴黎以绿色木质椅面搭配铸铁结构的质朴设计，与这座城市的其他都市家具形式一致；荷兰阿姆斯特丹的公共座椅即使现代感十足，仍以贴上木皮的方式增添温暖感；西班牙马德里的铸铁公共座椅雕刻美丽细致，仿佛艺术精品。而我在澳大利亚阿德莱德（Adelaide）街头拍下的一具站与坐人形装饰呼应的公共座椅，几乎就是一件公共艺术品了。

台北市敦化南路的绿地上，设有艺术家徐秀美设计的一排色彩缤纷的座椅，既引人目光，也让人忍不住要"试坐"一下。至于法国名设计师史塔克（Philippe Starck）为巴黎公园设计的名为"石板地上散布的鸽群"的公共座椅，则更是全球知名的经典设计。

公共艺术虽美，但自然而然流露出的城市温情更美。偶尔在欧洲公园里，看到一位父亲把自己当作小娃娃的座椅；或是在苏州石桥看到老太太们在桥缘闲坐聊天；总会不觉莞尔，因此觉得城市不再那么疏离冷漠——城市不只要求效率，不只容忍汽车，也应该尊重行人，讲究人性，体贴市民生活，应该在应该有椅子的地方给我们一张美丽舒适的公共座椅！

里斯本地铁的候车椅。

03

Metro Bench

地下铁候车椅

　　据说二十一世纪的特征之一就是都市：联合国的统计数据显示，早在二〇〇八年，全世界的都市人口总数即已超越乡村人口，前者并以一种"一去不回头"的急遽成长方式持续拉开与后者的差距。

　　其实"都市化"这个词出现得很早，一般学术界认定是由西班牙建筑师赛尔达（Ildefons Cerda，1816—1876）在一八六七年创造的，并企图以此描述从十九世纪工业革命之后，乡村人口不断移居城市的重大长期趋势。而为了顺利让大量市民在拥挤的城市中有效率地移动，人们发明了城市地下铁路，因此许多人认为都市化

上：柏林地铁站的木制座椅，椅背做成简单几何人形，颇有朴拙童趣。

下：洛杉矶轻铁站月台座椅，造型独特但舒适性欠佳。

在二十世纪，尤其是一九七〇年代之后，最重要的特征是"交通地铁化"：几乎所有的现代化大都市都建有让电联车行驶于隔离式专用路权的地下铁，"速度"与"效率"俨然成为最重要的都市价值。

举例而言，在台北，人们称为"捷运系统"的地下铁之服务水平指标是，尖峰时段列车班距在六分钟以内，离峰班距则在八分钟以内。也就是说，在正常的情况下，乘客平均候车四分钟就可以搭上地下铁顺畅旅行了。

四分钟实在是非常短的时间，对一般人而言，就算是站着等车应该也无所谓，因此大部分地下铁系统在有限的月台空间里，少量、靠着月台壁面设立尽量不影响旅客动线的公共座椅，实在不容易引起人们的注意。尤其绝大部分的地下铁候车椅为避免乘客占据久坐，影响人流，从而拖累都市运作的速度与效率，往往刻意将其设计得不太舒适，甚至一张一张椅子切断、隔开、独立，绝不连续，以防止都市流浪汉躺下休息，造成管理问题，反讽地说，都市地下铁候车椅的最佳设计，居然是"反设计"。

巴黎地铁普遍可见的蛋壳椅。

地铁候车椅的展演

　　环顾全球都市，被视为最值得一提的地铁候车椅案例，是巴黎地铁里普遍可见、以强化塑料制造、流线扭曲的制式座椅，它有一个特别的名字，叫作"蛋壳椅"（Siège Coque）：顾名思义，它的创意来自于蛋壳的"薄"与"轻"，以及呵护脆弱新生命孕育与成长的"爱心"与"牢靠"。这是一九七〇年代巴黎公共运输局全面将捷运家具翻新设计时留下的作品，一般就称这类的作品为"墨特型式"（Type Motte），据说是以当时家具翻新的工匠

巴黎地铁 14 号线的候车椅，
以木制椅面呈现质感。

总领班为名。蛋壳椅的颜色以配合各个车站室内装饰或灯光设计的色调，而有不同的变化，同时易于清洗保养，受到管理者与使用者的欢迎。

至于我所见过最美丽的捷运候车座椅，其实就在自己居住的城市：台北捷运中和线台大医院站的月台层，设置有三件一组、由艺术家李光裕一九九八年创作的精彩铜雕公共艺术系列作品——《手之组曲》。它以人手的各种动作为主题，不但精致美丽，也让人感受到安详宁静，缓和了捷运旅客的匆忙心情。其中一件"小公园"，正是提供旅客歇脚的公共座椅。

宽一一〇厘米、长二四五厘米的"小公园"，呈两只手掌平放交叠相扣状，就好像人静坐时的手印姿态，即佛家所谓的"法界定印"。不完全平整的掌平面作为候车座椅，虽然不耐久坐，但舒适度仍勉可接受。旅客来到这儿，仿佛来到迷你的都市公园，可以坐下来寻求片刻的休憩与安详，双掌又如同护持一般，给人一种在疏离都市里或快速移动地铁里罕见的温暖安全感。

多一点用心，地下铁也可以有点不一样的隽永况味。台北捷运"小公园"作品，既是铜雕、是公共艺术，当然更是最受欢迎的都市家具、最美丽的地下铁候车椅！

法国当代艺术家阿曼的雕塑作品《大家的时间》。

04

City Clock

催促着城市的时钟

　　城市是人们聚集进行交换的所在，因此共同认可的规范与计算基础就显得非常重要。许多人在意的是金钱，但相对于乡村，"时间"其实是在城市生活显得更重要的基本原料。还记得有一年，时任非洲布基纳法索总统的龚保雷（Blaise Compaoré）来台访问，鉴于台北人对于时间的执着与计较，留下一句名言："我们的人民可能没有手表，但有时间；你们人人都有手表，却没有时间。"

　　不只是台北，"城市人"很早就注意到时间的精准计数，早期城市遗迹里的公共计时装置普遍可见，例如在秘鲁的马丘比丘（Machu Picchu），我们可以发现石制日

巴黎协和广场上的方尖碑，古代方尖碑有日晷的功能。

意大利西恩纳（Siena）曼吉亚塔楼（Torre del Mangia）上的时钟。

晷；而埃及广场常见的方尖碑，除了纪念功勋之外，也具备了日晷的功能。

但在我们的时代里，被时间逼迫着拼命向前的强烈感觉，却更"一般化了"地成为都市居民的共享经验。"守时""准点""分秒必争""时间就是金钱"这些警语格言，仿佛不需要写在书签、小学教科书上，或者横挂在天桥、办公厅门墙的标语布条上，它们早就深深地潜入都市动脉里，变成现代都市人集体潜意识中很重要的一部分。而时钟，这个"传统的"计时工具，也在很早很早的时候从床头、书桌、客厅的墙上走出来，成为公共建筑一项严肃且重要的配件，或竟俨然是都市里独特的街道家具。

而因为时钟这个玩意儿居然在城市视觉中"无所不在"，往往弄得整座城市的气氛也变得紧张兮兮，人们走在路上，低头看手表或手机时间，抬头对照建筑物上的大钟，总不禁要加快脚步，好像老板就在脑后穷凶极恶地喊着："时间就是金钱！"——法国当代艺术家阿曼（Arman, 1928—2005）竖立在巴黎圣拉扎尔车站前广场的雕塑作品《大家的时间》（*L'Heure de tous*），把一大堆英国牛津大学校园里的钟楼。

指向不同时刻的时钟垒叠在一起，砌构成一个不同时区全球化的纪念碑，成功地表达出时间在城市每日作息中逼人的压力。

愈来愈要求精确、准时的城市

然而"时间就是金钱"这句斤斤计较的格言，到底如何而来？

据说这句话的第一次出现，是在十八世纪末美国启蒙思想家富兰克林的《给年轻商人的忠告》（*Advice to a Young Tradesman*, 1748）："记住时间就是金钱。一个人可以经由个人劳动在一天里赚得十先令，也可以出国旅游，或呆呆地坐着消磨半天。虽然在游玩或呆坐的过程中他只花费了六便士，但这绝非他的唯一支出，他还花费或损失原本可以挣得的五先令。"（Remember that time is money. He that can earn ten shillings a day by his labour, and goes abroad, or sits idle one half of that day, though he spends but six pence during his diversion or idleness, it ought not to be reckoned the only expence; he hath really spent or thrown away five shillings besides.）

如果我们追根究底的话，会发现古希腊的"桶中哲人"第欧根尼（Diogenes the Cynic, 404—323 BC）曾说过类似的话："成本最大的花费是时间"（The most costly outlay is time）。但也有人认为这句话是古希腊演说家安提丰（Antiphon, 480—411 BC）说的。虽然将"时间"和"金钱"挂上钩的首创者已不可考，至少我们知道长居巴黎的爱尔兰作家王尔德（Oscar Wilde, 1854—1900）曾写下"时间就是金钱的浪费"（Letemps est un gaspillage d'argent）这样的句子，他还解释这句话是由十六世纪法国作家拉伯雷（François Rabelais, 1493—1553）"时间就是金钱"（Le temps c'est de l'argent）的古老格言衍生而来。

不过，由历史发展的观点来审视，人们把测量时间的"粗略"单位：历法，与金钱联想在一起，脉络倒是有迹可循。英文为 calendar 的历法，拉丁文作 kalendarium ——这个词，用在罗马人的生活里，指的是"账簿"。原来罗马时代人们习惯在每月的第一天"朔日"（kalends）支付借款利息，因此每到这一天，收账员们就会到各个贷户家里去催收应付息款，久而久之，"账簿"

巴黎第三区的地标之一《时间守护神》。

《时间守护神》局部。

就与规律生活的"历法"合而为一了。

　　然而，金钱与更精确的计时单位，例如"时""分"，乃至于"秒"有所关联，而后竟成为对应的价值，却要归因于资本主义的兴起。十八世纪，英国发生第一次工业革命之后，某一种要求"更精确""再细分""提高效率"的狂热追求在西方世界蔓延开来，并渗透到现代人的思想里，成为一种类似信仰的东西。

　　为了呈现"精确、不能有丝毫妥协的准时要求"之精神，法国钟表名匠蒙奈斯提耶（Jacques Monestier）曾于一九七五年设计一座名为"时间守护神"（Le Defenseur du Temps）的公共时钟，高四米，重达一吨，高高竖立在巴黎第三区蓬皮杜艺术中心附近的巷弄里。这件独特的公共艺术作品主角是圆球状时钟与一具执刀持盾的骷髅守护神，另有代表天的公鸡、代表地的爬虫以及代表海的螃蟹。每到整点时刻，公鸡、爬虫与螃蟹就挟着狂风、地震与海啸之声向时钟进攻，试图改变时间，但均被忠实的守护神击退。这座有深刻意涵又有表演效果的时钟，如今已成为这个街区的地标，甚至这个街区从一九七九年起，就因为这件作品而被当时的市长

捷克布拉格安装在老城广场的老城市政厅的南面墙上的一座中世纪天文钟。

罗马街头的时钟。

席哈克命名为"时钟区"（Quartier de l'Horloge）。

当"精确、不能有丝毫妥协的准时要求"被视为资本主义最重要的价值之一；当"时间就是金钱"、而金钱就是生活的全部；当我们任凭被指定了的、规划了的时程来驱赶和指挥我们的手、脚、脑和心；当举目四望，都市里充斥着公共时钟，甚至手机闹铃都加入警告与威吓行列；当我们也像首尔市民一样，把Pali-pali（빨리빨리，韩语"快一点，快一点"）挂在嘴上当作口头禅的时候；大约可以确定，自己不折不扣是一名二十一世纪"现代都市人"了。听！那嘀嘀嗒嗒的时钟，它正催促着城市！

罗马街墙上供奉耶稣的小祭坛，除了满足信仰需求之外，也为夜行旅人提供照明。

佛罗伦萨街角墙上的壁龛与吊灯。

05

Street Lamp

为你点一盏灯

城市街灯的光影与城市的意象已经分不开了，在这个时代，大概很难想象一座被称为"城市"的聚落里没有街灯。街灯照亮大城市晚间担忧疑惧的疏离感觉，温暖许多城乡游子的寂寞心灵，偶尔深夜迟归，往往只剩下无言的街灯陪着我们回家，这种默默守护，其实很有一点宗教的气氛。

在城市发展史里，街灯的出现的确与宗教有关：早期西方城市里，一些基督徒常在街角墙缘或人行道上，建造一些临时的祭坛或壁龛，供奉耶稣、圣母，或其他天使、圣人、圣女。这些由私人建造的简单设施除了信仰崇拜目

巴黎塞纳—马恩省河上"新桥"夜色。

为你点一盏灯

的之外，还提供了一项附加的公共服务：信徒点燃蜡烛与油灯所发出的光亮，成为夜行旅人的重要照明。

而原本非常私人用途的灯具，像是自家门口为了方便开门所刻意吊挂的门灯，或是窗边的室内台灯，因为光线一视同仁的外晕效果，也成为不认识陌生路的人们的指路光源，有了无心插柳的公共意义。发展到后来，为夜归路人留一盏窗边的台灯，或是入夜就点亮的门灯，成为友善城市的一个体贴见证。

但是，从路边祭坛油灯、友善城市的门灯与窗边台灯，发展到正规的街道公共照明，却花了非常漫长的时间。根据史料记载，迟至一三一八年，整个巴黎只有区区三盏公共油灯。直到路易十四法国王朝的极盛时期，街灯才因为治安的理由受到重视。一六六七年，巴黎警察局在市内装设了六千五百盏玻璃防风罩油灯；一八五〇年代，巴黎的路边油灯全面更新为先进的煤气灯；而到了一九二〇年代，花都的煤气街灯一盏不留地都现代化成了电灯。但是有些角落的街灯虽然电气化了，却仍保留古典的造型，例如，巴黎塞纳—马恩省河上现存最古老的石桥"新桥"（Pont Neuf），就有着煤气灯的外表与电灯的内涵，仿佛旧瓶装着新酒，辉映着二十一世纪的花都。

有些路灯竟成为城市地标，例如澳门的嘉路米耶圆形地（Rotunda de Carlos da Maia），是一座圆形广场，也是重要的交通节点，由此辐射出五条街道，一般人多称它为"三盏灯"。主要是因为广场中央有一支四个灯泡的灯柱，其中三盏灯向下，一盏灯向上，从许多角度看来常有视觉误差，让人以为总共只有一柱三盏灯，久而久之，反而成为大众喜欢称呼的俗名。

左：巴黎塞纳－马恩省河上"新桥"老灯。
右：澳门嘉路米耶圆形地的"三盏灯"。

香港的都爹利街（Duddell Street）在与雪厂街连接之处，有一座建于十九世纪末的花岗石楼梯与四盏煤气灯。根据香港政府留存文献记载，最早有这些老灯的记录是在一九二二年，属于"双灯泡罗车士打款式"（Two-light Rochester Models），是当年殖民者从英国带来的古董，在一九九七年主权移交之后的八月十五日，被列为香港法定古迹。

　　目前这四盏煤气灯，自傍晚六时至早上六时亮灯，由自动装置开关点灭灯火。许多香港电视剧、音乐影片与电影都喜欢以都爹利街的石梯和煤气灯为场景，营造

香港的都爹利街的法定古迹煤气灯。

日本古都镰仓江之岛的街灯。

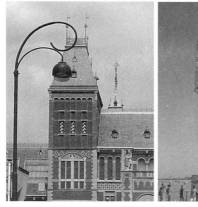

阿姆斯特丹的街灯。

法国波尔多"镜池"广场上的街灯。

伦敦中殿法学协会中庭里的煤气灯。

出一种怀旧与凄美的气氛，特别适合铺陈出情侣黯然分手的情节。

另外，香港作家董桥曾在《跟中国的梦赛跑》（1987）一书中提到，伦敦市区里据说至今仍留有一千四百盏老式的煤气街灯，然而，为了节省人力，绝大部分都和香港都爹利街的四盏灯一样，装设了定时控制器自动点燃与熄灭。但在著名的伦敦中殿法学协会（The Honourable Society of the Middle Temple）中庭里，还有一〇二盏煤气灯由一位老先生独力照料，天黑前一盏一盏点起，天亮后再一盏一盏熄去，每巡总要花上一个半小时。董桥说：时代那么新，方法那么旧，这就是伦敦这座城市历久弥新的传统。

有些城市的路灯已是完全翻新的现代化设施，但依然讲究美感，例如法国东南大城波尔多"镜池"（Miroir d'eau）街灯的新潮灯罩，或是日本古都镰仓江之岛"两盏灯"的独特设计。有些城市的街灯却就只有照明功能，实用而不讲究美观。

而我们城市的街灯，属于哪一种类型，又反映了怎样的文化特色与价值呢？

巴黎的海报柱电话亭。

06

Telephone Booth

服务城市超过百年的电话亭

电话是人类现代化历史上的地标式发明。电话出现当然归功于我们都很熟悉的加拿大人贝尔（Alexander Graham Bell, 1847—1922），但其实"真正的"发明者，却是意大利裔美国移民穆齐（Antonio Meucci, 1808—1889）。穆齐在一八六〇年，首次向公众展示了他的"电磁语声传输"（electromagnetic transmission of vocal sound）发明，并在纽约的意大利文报纸上发表关于这项发明的介绍。然而，这位第一代移民因为阮囊羞涩，且不熟悉美国法律，一八七四年在专利期限到期之后，并未申请延长，而贝尔则于一八七六年申请取得电话专利权，并不断改良与商业化，终成为"电话之父"。

虽然美国国会曾以二〇〇二年六月十五日二六九号决议，确认穆齐的电话发明人地位，但历史是残酷而现实的，现在已经没有多少人记得穆齐这个名字了。

作为一项伟大"媒介"科技，即使我们不记得是谁发明的，依然无损电话对于现代人生活与生命意义的重大影响。美国传播学者梅洛维兹（Joshua Meyrowitz）就曾指出，媒介变化与都市里建筑物的变化一样，都影响人们对于情境的定义。新媒介的出现，就像高墙或大门的兴建或拆除，直接促使社会情境产生分割、重组、改造的效果。传统社会里的公私领域、高低领域、男女领域，乃至于成人世界与儿童世界，原本有着分立的稳定秩序。但"一旦电话、收音机、电视闯入家庭，过去空间彼此孤立、防堵他人入侵的生活，因为信息流动带来的某种效果，电子讯息穿透墙壁四处奔流，任何距离都能飞越"。电子媒介浸透的社会，造成"地方感消失"的结果，印证了美国都市学者魏伯（Melvin M. Webber）的论述：理解都市的焦点，应该由从前"物理环境观点"，转换成"沟通系统"（communication system）观点，也就是由

苏黎世电话亭。

左上：巴黎结合公交车候车亭的公用电话。右上：阿姆斯特丹电话亭。
左下：巴黎全透明式电话亭。右下：昆明电话亭。

"地点社群"转换成无关乎地理远近的新社群聚落。

　　早期电话昂贵，且几乎不可能携带，但外出的人们仍有与社群沟通的需求，大型电信公司看到有利可图的市场，西方城市里于是出现公用电话与新的都市家具：电话亭。

电话亭在城市地位的流变

　　一般都市家具史多认为是美国人葛瑞（William Gray），一八八九年在美国康涅狄格州首府哈特福

悉尼电话亭。

京都东方竹风电话亭。

德（Hartford）发明设立了世界第一座电话亭，葛瑞并在一八九一年创立"葛瑞电话付费站公司"（Gray Telephone Pay Station Company）来经营这桩新生意。

公用电话亭在都市里大受欢迎，不仅生意兴隆，甚至成为一种都市神话象征：一九三三年，两位才刚高中毕业的美国作家西格尔（Jerry Siegel）与漫画家舒斯特（Joe Shuster）所共同写绘的美国代表性漫画《超人》（*Superman*），其中超人从平凡的新闻记者换装转化成超级英雄的关键地点，就是可以拉上窗帘、略具隐蔽性的电话亭。

美国漫画超人在电话亭换装。

而最有名的电话亭，则是由英国著名建筑师斯科特爵士（Sir Giles Gilbert Scott, 1880—1960）一九二四年经由竞争脱颖而出的设计作品："红色电话亭"（red telephone box）。这件典雅大方醒目的都市家具，深受大众喜爱，后来竟成为英国与伦敦的代表象征之一，不但形式体制有严谨的规范，甚至连颜色都被定义成"醋栗红"（currant red），并纳入英国标准，编号 BS381C-539。

　　循着伦敦流风，许多城市也尝试推出洋溢着设计感的电话亭都市家具。

　　然而，好景不长，一九九〇年代移动电话诞生，以及二十一世纪初移动电话轻型化、普罗化、智慧化的进化发展，再一次革命性地改变都市生活。其实在移动电话生活化之前，一九八〇年代，全世界都市就曾出现迄今未衰的"随身听现象"（walkman phenomenon）：人们戴上随身听，在听觉上虚构出一个假想环境，因此沉浸在和周遭毫不相关的世界里，而与现实社会关系疏离……。美国未来学研究者钱伯斯（Iain Chambers）曾指出，随身听是我们的"移动延续性身体"，沟通的单位从社群窄化成个体，都市人经由媒介而"自言自语"。

伦敦的红色电话亭。

　　随身听带来个人化移动，而移动电话则带来解放与漫游，重写现代都市的定义。突然之间，都市似乎不再需要曾经服务我们超过一百年的电话亭。当台北市都市发展相关部门认真考虑拆除公用电话亭，"还给市民更宽阔的步行空间"时，科技革命似乎就将在我们眼前，再一次戏剧性地翻转都市地景。

里斯本书报摊。

威尼斯书报摊。

墨尔本书报摊。

07

News Stand

淡出的城市书香

　　台湾其实是个独特而急遽发展到常常让人迷惑的地方，这儿的都市生活与都市地景，几乎每十年就有一番大变化。而过去二十年里，令人印象深刻的变化之一，是二十四小时营业、全年无休的便利商店，如雨后春笋般出现，并深入都市居民的每日生活里，而台湾人俗称"柑仔店"的传统杂货铺则渐渐在都市中销声匿迹。随着杂货铺淡出的，还有一些功能相近的老式都市设施，像从前林立街头、与公交车售票亭结合的书报摊，现在几乎完全不存在于年轻一代的记忆里了。

　　这种每十年或每二十年就要经历一次将旧都市记忆

完全抛弃出清，以容纳新都市印象，所谓都市文化"创造性摧毁"（Creative Destruction）的发展模式，使得不同世代缺乏对同一座城市的共同经验与记忆，非常让人遗憾。就拿书报摊这一个小小的事物来说吧，巴黎经验就可取得多。

十九世纪中叶，法兰西第二帝国建立，"巴黎的格局不能适应剧增的人口，因而被窒息"，法国皇帝拿破仑三世于是指派活力充沛且意志果决的奥斯曼男爵（Baron Haussmann，1809—1891）担任塞纳—马恩省首长，来推行他心目中的"都市现代化工程"，将巴黎面貌做了大幅度的改变。

除了大刀阔斧的公共建设之外，这位见林又见树的市政官员奥斯曼，还邀请当时的知名建筑师设计包括墨绿色铸铁式书报摊、海报柱、公共厕所、公共座椅、街灯等一系列十九世纪风格的街道家具，确立了巴黎都市家具的传统。大约有一百年的时间，巴黎几乎一丝不苟地坚守着这项优良的都市家具传统。

但法国人始终是个喜爱创新的民族，不耐烦永远活在传统中。一九七七年希拉克（Jacques Chirac，1932—2019）当巴黎仿十九世纪样式的新建书报摊。

淡出的城市书香 **77**

选巴黎市长。之后，有心效法伟大前贤的做法，全面整建首都的都市家具，因此，确立了两项看似矛盾的基本原则：

一方面，重建那些已成为巴黎象征的"旧式"都市家具，使之成为花都"不变的标志"之一；另一方面，反对规格化的都市生活框架，并因此创造"时代风格"的新款都市家具，以实践他自己常挂在嘴边的口号：每一代巴黎人都应该"活在属于自己的时代里"（vivre avec son temps）。

希拉克邀请了一些民间都市家具公司，一起推动他所策划的大规模的"首都都市家具改造计划"。

柏林书报摊。

新旧相映，巴黎的都市家具改造计划

遵循前述两项基本原则，这些公司一方面参照古老的设计图，重建如"毛利斯海报柱""伊多尔夫街灯""华莱士喷泉"，以及十九世纪样式的书报摊（Kiosque à journaux）等传统都市家具。

另一方面，这些都市家具公司也与市政府配合，主动邀请艺术家与设计师，或者以公开竞图的方式，征（评）选出新式都市家具。最有名的例子，就是一九七八年竞图产生的"广告人"（Publicitor）新式书报摊。这款以透明玻璃和银色金属管构成、现代感极强的书报摊，与巴黎传统书报摊风格大相径庭，带来崭新的感受，又保有原来的功能。

同时，巴黎市政府还以行政立法的方式保护十九世纪即已出现在塞纳—马恩省河两岸，总计大约九百座墨绿木箱的露天旧书摊，希拉克市长并在一九九三年签署法案明定其规格材质。这些被法国人称为 Bouquiniste 的旧书摊，装载着超过三十万册的古书与旧书，和大量的

上：巴黎"广告人"新式书报摊。下：巴黎仿十九世纪样式的新建书报摊。

旧杂志、旧海报、旧明信片、旧邮票、黑胶唱片，以及原本与复制的画片、书信手札等数个时代来临之前的艺文产物。露天旧书摊绵延大约三公里，成为巴黎重要一景，英国广播公司（British Broadcasting Corporation, BBC）因此称塞纳河为"世界上唯一徜徉在两排书架之间的河流"（the only river in the world that runs between two bookshelves）。新旧相映的巴黎书报摊，以及独一无二的塞纳—马恩省河畔旧书摊，不但给巴黎带来浓浓的浪漫书香，也展现了花都传统与现代兼容并蓄的气魄与美丽。

其实，即使没有反映时代精神的新型书报摊，作为城市文化景观的重要象征，曾经存在过的旧式书报摊也应该保留，就算在快速发展过程脑袋过热一时不察中失落了，也应该在冷静下来之后设法重建、重现，有这样的空间，才是一座有连续记忆、能累积情感、可以孕育文化的城市。看看欧洲其他城市，柏林市区坚持以石片叠建屋顶、造型朴拙的小型书报亭，以及里斯本、威尼斯、马德里街头散见大小不一、或新或旧的书报摊……都让人钦羡不已。

巴黎塞纳—马恩省河畔的书报摊。

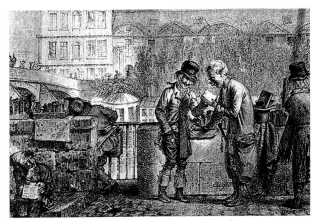

十九世纪前期塞纳—马恩省河畔旧书摊。

　　书报摊，乃至于旧书摊，这些不起眼的街道家具，在某一个层次上隐隐透露出一座城市的市民，在追求当下现代化效率生活的同时，是否愿意分享、延续传统所留下来的空间纹理、都市印象与文化生活功能？经历过"创造性摧毁"发展经验的台湾都市，是否有机会能以新的情感、态度与新的做法，让曾经存在过的书报摊重建，或让一九六〇年代知名的台北市牯岭街旧书摊重现？

第 二 部

免 于 狼 狈

08

Litter Bin

从垃圾桶看城市

　　曾听一位法国建筑师谈世界城市。他认为分辨城市
进步与否的重要标准，不在建筑地标、喷泉雕塑、宏伟
广场或林荫大道这一类每个人都看得到、也特别会去注
意的景点，而在于容易被"外来客"忽略的隐匿细节，
例如所谓"街道家具"的设计与设置，一盏路灯、一片
路牌、一块人行道铺面，乃至于红绿灯、公共座椅、公
交车候车亭……这些都市生活必需设施的质量，真切地
反映了市民的品位与格调。这位世界知名的建筑师举例
说："当你拜访一座陌生的城市，使用公共垃圾桶时，并
非嫌恶地、退得远远地将垃圾抛向桶子，而是带着怜惜

据说以半开莲花为设计灵感的巴黎公园制式垃圾桶。

巴黎的制式都市垃圾桶。

北马其顿首都斯科普里的垃圾桶。

波尔多小镇圣爱美浓的垃圾桶。

从垃圾桶看城市

上左：巴黎捷运的制式垃圾桶。

上中、上右：1995 年 7 月 25 日，巴黎地铁发生恐怖爆炸事件之后，可能被放置炸弹的公共垃圾桶都被封口。

下：为防止被放置炸弹，巴黎出现直接装设透明垃圾袋的做法。

之心靠近，将垃圾准确放入，临走还会转头欣赏两眼垃圾桶的设计之美，那么你就可以告诉自己，来到了一座进步的城市。"

　　这段议论说得好极了，既有趣又有见地，因此深深印在我的脑海里，后来起而实践，竟成为自己旅行见闻的一个另类重点。每新到一座城市，除了未能免俗地参访观光景点之外，我总会留下一些还算宽裕的时间，仔细欣赏城市的空间细节，往往还拍照留念，作为自己和城市的另类互动。要是时间不够进行地毯式的搜索，也

里斯本街头以颜色区别回收分类的垃圾桶。

会找一两件街道家具拍下记录。而也许为了印证这个启蒙，最早的选择，就是垃圾桶。

现在回想起来，原因可能有两个：

第一，那位法国建筑师议论之美，竟让我联想起这样一句名言："停留是刹那，转身即天涯。"一位作者曾这么写道："有人说，爱上一座城，是因为城中住着每个喜欢的人。其实不然，爱上一座城，也许是为城里的一道生动风景，为一段青梅往事，为一座熟悉老宅。就像爱一个人，有时候不需要任何理由，没有前因，无关风月，只是爱了。"

既然不需要任何理由，可能只为城里的一道生动风景，"道在瓦甓"，这风景为何不能是垃圾桶？

第二个理由非常法国：法语称垃圾桶为 la poubelle，源自于一八八三年到一八九六年期间担任管辖范围包括巴黎的塞纳—马恩省省长普贝尔（Eugène-René Poubelle, 1831—1907），他于一八八四年发布一道"垃圾不落地"的行政命令，要求每户居民不可将垃圾抛弃于地，必须置于自备的垃圾桶里，再交由清洁人员收取，让垃圾车带走。普贝尔并且引进最新的垃圾分类概

意大利古城西耶纳的垃圾桶。　　　　墨尔本如同公共艺术般的垃圾桶。

布达佩斯地铁出口附设的垃圾桶。

提醒市民可丢弃狗屎的街道污水排水口指示标。

伦敦公园里收集狗屎的专用垃圾桶。

念，每户自备的垃圾桶须分三种：一种盛装易于腐败的有机垃圾；一种装纸类；另一种则装玻璃类、陶瓷类与贝壳类垃圾。必须自费购桶的巴黎人对这项新政非常不满，却又不得不遵循，因此怒称垃圾桶为"普贝尔之桶"（la boîte Poubelle），这个新词曾出现在一八八四年一月十六日法国《费加罗报》（Le Figaro）的一篇批评文章里，旋即为法国人熟知并采用，并在一八九〇年被收入《十九世纪大辞典》（Le Grand dictionnaire universel du XIXe siècle）里。

我觉得这个真实故事很有趣，尤其是后来读到摩洛哥诗人拉阿比（Abdellatif Laabi, 1942—）的著名诗作 "la poubelle poème/ A la poubelle rythme/A la poubelle silence …"（把诗歌丢进垃圾桶／把节奏丢进垃圾桶／把沉默丢进垃圾桶……）时，特别有感觉。我私心以为，拉阿比笔下要说的似乎不只是垃圾桶，还隐约指涉格式、模式，或者行政指导与规定、管制，等等，等等。

当我们旅行时，看见美丽或不美丽的公共垃圾桶，想到它的法文名字是 poubelle urbaine，词性是阴性，应该是"她"，是不是也会有诗的感觉？

法国格勒诺柏公共小便池。

09

Public Toilet

公厕，罗马皇帝照顾子民的设计

　　经常出外旅行的朋友，大约都曾有过内急时找不到方便之所的痛苦经验，尤其在陌生的城市里走投无路，啊，那真是一种残酷的折磨！事实上，在我们这个时代里，公共厕所不仅为外地访客提供便利，也理所当然地为自己的市民服务，是一项不可或缺的都市街道家具。而假使我们追溯都市发展史，将会发现公厕居然是最早出现的都市家具之一。

　　公元一世纪的罗马皇帝维斯巴齐（Vespasien, Imperator Caesar Vespasianus Augustus, 9—79）首创公厕建设，视这种独特的公共服务为其对于子民的恩惠施予，并以自己的字号命名。在漫长历史的无情淘洗中，许多显赫一时的帝王将相多被后人遗忘，但这位罗马皇帝的名字竟因为都市公厕这桩功德而流传下来，甚至在一千八百年之后，法国在十九世纪第二帝国"重建巴黎"大改造中，曾广设以墨绿色铸铁建造的公共小便池，名字就取作"维斯巴齐尔"（Vespasienne）。

据说为了提供有质量的公共服务，罗马帝国还雇用专人定期清洗公共小便池，并推行使用者付费原则，收取"方便之税"。当时罗马市民对于这种新税，有着"钱是没有臭味的！"（Pecunia non olet!）的评论，这句话后来还被翻译成各国语言，广为流传成为一句有名的欧洲俗谚。

巴黎早期的"维斯巴齐尔"倒是免费的，不过因此设备简陋，仅仅是路边半遮半掩的公共小便池，而且往往肮脏污秽，臭气熏人，并只适合男性使用，女性止步。到了二十世纪上半叶，这些地点渐渐演变成"半下流社会"男人们的聚会点，他们在此方便，交换信息，顺便干点见不得人的勾当，"维斯巴齐尔"居然成为都市藏污纳垢之所。以至于在第二次世界大战期间几位小说家像

巴黎《维斯巴齐尔》公共小便池。

是佩雷菲特（Roger Peyrefitte, 1907—2000）、让·热内（Jean Genet, 1910—1986）的笔下，"维斯巴齐尔"成为巴黎男同性恋们碰面与聚会的著名象征性地点。

随着时代发展的脚步，给人负面印象的传统"维斯巴齐尔"在第二次世界大战结束之后陆续被拆除，取而代之的是一九八〇年代出现的现代化完全封闭式、名

柏林与海报柱结合的公厕。

为 Sanisette 的投币式自动公厕。公厕再度要求付费，一九八一年十月巴黎市议会通过收费一法郎的公厕管理法规，从此只要投入一法郎硬币，因为内急而游兴尽失的观光客，或奔波街头的市民，无论男女，都可立即享受一处干净整洁且高度隐私的方便设施，轻松之后再打起精神，重回美丽城市怀抱。

　　一直到二〇〇六年二月十五日，巴黎市政府才确立了自动公厕的免费政策，将其囊括于"客居税"（Taxe de séjour，外来者在巴黎入住旅馆时除住宿费之外还须缴纳

阿姆斯特丹与海报柱结合的公厕。

维也纳街头的公厕。

墨尔本街头的公厕。

公厕，罗马皇帝照顾子民的设计

巴黎 Sanisette 现代化公厕。

所需的额外税金）或市民税的服务之内，从此，这项历史悠久的都市家具，终于名副其实地成为"公共服务"。

早期的巴黎 Sanisette 就是一座混凝土封闭建筑，仅具功能，毫无美感。但后来设计师结合十九世纪流行欧陆的"墨利氏海报柱"（Colonne Morris）作为公厕新造型。这种墨绿铸铁外壳、造型典雅的海报柱式公厕，除了提供方便去处之外，还兼具传递都市艺文活动信息与美化市容的多重附加功能，而"公共厕所"这项重要的都市家具，因此不但不显得碍眼，反而能融入都市景致

悉尼现代化公厕。

上：巴黎圣母院院后方的公厕。下：伦敦街头的公厕。

之中，让人更能感受到市政当局的用心，也更像是一件独特的城市公共艺术作品。这种做法受到大众欢迎，许多城市纷纷仿效，所以，现在在荷兰、比利时、德国、奥地利、瑞士等欧洲国家大城市里，都可以看到公厕的设计。

而不仅在欧洲旧大陆，在美国、加拿大新大陆，在澳大利亚，乃至于在亚洲的城市里，我们都可以看见许多形态各异的公共厕所，除了功能，还可以发现极具巧思的艺术设计。其实每一座公共厕所，都代表它所在城市公共服务的质量，反映了市政当局照顾市民与外来访客的细腻心意，以及关照都市景观的创意。下一回，您拜访一座新的城市，可别忘了顺便考察城市公共厕所的数量与质量，以及设计的便利性、舒适性和艺术性。

上左：巴黎消防栓。上右：纽约消防栓。下：京都地下消防设计与指标柱。

10

Fire Hydrant

旅途中的消防栓

好像从一开始，消防栓就是自己选定旅行时"到此一游"摄影纪念的重要目标。为什么呢？我是一名在巴黎取得学位、也曾在巴黎地铁局工作一段时间的地铁工程师。几乎是从留学巴黎起，我展开了世界城市之旅，最早因为专业兴趣，每到一座新的城市，总是先去拜访它的地铁。

但不是每座城市都有地铁系统。而据我所知，城市消防栓的发明，归功于一位英国工程师葛雷赫德（James Henry Greathead, 1844—1896），而这位英国工程师最为世人熟知的贡献在于，改善潜盾隧道挖掘机，让地铁能够穿越泰晤士河底部，成为通畅的地下路网——第一条伦敦地铁于一八六三年通车，为世界首创，都市史一般将"地铁之父"的桂冠颁给投资者英国律师皮尔森（Charles Pearson，1793—1862），但对"我们工程师"而言，葛雷赫德才是真正的地铁之父。

自己默默地拍摄与收集城市消防栓，现在回想起来，也许潜意识里有"写自己的小历史"说不出来的想念，也说不定？

无论如何，设置消防栓的目的是都市防灾：人类砍伐森林、驱赶鸟兽、大兴土木，建立了聚落，而聚落要是能吸引更多人聚集，就发展为乡、为镇、为城市。人们密集地聚在一起，自有许多好处，但福兮祸所伏，也出现许多坏处。当星星之火可以燎原这句警语中的"原"开始被"城"取代时，消防蓄水池或北京故宫的铜制大水缸、沈阳故宫的陶制大水缸这种"必要设施"于焉出现，现代化带动的城市生活机能管线化之后，水池、水缸就演化成了消防栓。现在，我们很容易在每一座城市的街角发现消防栓，而许多年下来，自己也的确累积了不少独特的消防栓纪念照片。

左上：首尔消防栓。右上：厦门鼓浪屿消防栓。
左下：费城消防栓。右下：比利时鲁汶消防栓。

塞内加尔奴隶岛消防栓。

譬如说巴黎的消防栓，在功能性的供水管柱之外再套上兼具保护与装饰性、极有设计感的外壳，非常时尚；纽约的消防栓厚重粗犷，而且不采惯用的警示红色，却是银顶黑身，似乎暗示这座城市的与众不同；京都大部分消防栓都完全地下化了，可见的仅是一片与道路齐平的黑色铸铁顶盖，但因为实在太不显眼，反让人担心紧急危难时找不到消防栓，市政府只好在旁竖立一条细长木片，白底红字标注"地下消火栓"的提醒。

藏在消防栓背后的故事

而我以为最漂亮的消防栓居然是在西非塞内加尔首都达喀尔外海的奴隶岛上见到的，这里在十八、十九世纪曾是非洲黑奴贸易的重要据点，血迹斑斑，是一座伤心之岛。但我发现消防栓却意外地精美，顶盖雕琢细致，柱身匀称合度，连螺帽上都有讲究的纹饰，流逝时光在铸铁红漆上留下自然优雅的斑驳，简直就是一尊"过去美好时代"（the good old days）的殖民地风格艺术品。问题是，一座周围就是取之不尽海水的离岸小岛，为什

上：约翰内斯堡消防栓。下：新加坡消防栓。

特拉维夫海边的消防栓。

么还需要消防栓？是因为不断蓄积的仇恨怒火一旦爆破而出，浩瀚海水也来不及消弭吗？想到这里，想到那一段不堪回首的人类历史，消防栓再好看也觉得刺眼了。

某一年夏天，我来到以色列的特拉维夫，住在海边的旅馆里。也许因为地处阿拉伯世界的激烈冲突中心，时有战乱，常需灭火，特拉维夫可能是我知道的拥有最多消防栓的城市，甚至与海相连的沙滩上也几步就设有一个，消防栓沿着海岸线连成另一条虚线，非常奇特。于是特地起个大早，打算趁着四处无人，拍几张消防栓特写。晨曦无人的清冷海滩上，沿岸星布消防栓的孤独身影，点点构筑出一种独特的凄美画面，奇幻得竟让人不禁叹息。

这就是特拉维夫，这就是以色列，它的消防栓让我想起达喀尔奴隶岛的故事，也许是非常不恰当的比喻，但这种独一无二之美所联结的不是宁静，而是仇恨。

真的，消防栓也会以一种隐而不显的方式，偷偷地讲述自己的故事。

Part

3

第三部

城市掠影

11

Billboard

城市招幌牌匾

　　每座城市都有自己的故事，但往往很难与圈外人分享，美国导演伍迪·艾伦脍炙人口的三部曲《午夜巴塞罗那》（2008）、《午夜·巴黎》（2011）与《爱在罗马》（2012）全球大卖，其实是罕见的特例，关键之一是因为这三座欧洲城市无法比拟的浪漫形象。也因此，北京国家大剧院于二〇一三年九月、十月在台北、高雄推出的大型舞台剧《王府井》居然获得剧评重视与普罗欢迎，就值得我们关注了。

　　北京东城区的王府井大街，是有名的观光景点，不但几座大型现代购物商场进驻，也固守不少传承百年的

门廊上挂满各式棒棒糖饰物招徕客人的新加坡糖果店。

老字号店家，见证了这座城市在政治、经济、社会与文化的起落变迁。《王府井》的企图，似乎正是以一条商店街的小历史，映照近代中国的大历史，而编剧与情节的核心，居然围绕在一块小小的"匾"。

"匾"在这部戏里无处不在。剧中经典台词说道："人这一辈子头一件事，就是得擦干净自己的这块匾！"当然，戏剧是经过艺术改写与转化了的事实，"匾"的象征性是不是真的那么强烈也许有待讨论，但商业招牌的确是城市里不可或缺的元素。

人们聚居城市的重要原因之一，是为了"交换"：交

普利什蒂纳牛皮挂在门外作为招牌的皮件裁缝小铺。

换货物、交换劳务、交换信息以及交换影响力，更直截了当地说，就是进行买卖。买卖发展到一定程度，有了固定店面，同时城市的规模愈来愈大，市民需要一些更具体的线索指引，于是自然而然出现商业招牌。

从指示标志变成文化符号

最早出现的可能是"招"，可能来自于官府的告示招贴，渐渐被商人们学来作为宣传广告之用，就是俗称的"招纸"或"招子"。但是纸做招子脆弱不耐用，只是

台湾新北市旧市区里规格一致的商业招牌。

临时性的通告，因此布制的"幌子"应运而生。"幌"原指窗帘、帷幔，古时酒店以布旗招揽顾客，引申为酒招，唐代诗人陆龟蒙就有"小炉低幌还遮掩，酒滴灰香似去年"的诗句。

布制幌子随风飘摇，颇具风情，却不够庄重，也不够坚固，于是再有木制的招牌，而招牌质地与做工一再提升，就成了"匾"。不过到了"匾"的层次，已经不仅仅是指示标志或商业语言，进而成为一种文化符号，甚至是文化身份的证明，结合了书法、雕刻、建筑，成为一种城市特有艺术。

从口耳相传，到招、幌、牌、匾，这种发展历程在西方城市也看得到。在巴尔干半岛科索沃的普利什蒂纳（Pristina）近郊，我曾看到将牛皮挂在门外作为招牌的皮件裁缝小铺；也看过门廊上挂满各式棒棒糖饰物招徕客人的新加坡糖果店；或是巴黎直接将红色风车放在屋顶上作为地标的红磨坊剧院；这些，都是以实物或实物模型做成招牌的案例，也是招牌最原始的雏形。

招幌牌匾愈来愈多，难免争奇斗艳，让人眼花缭乱，反而破坏了都市景观，许多都市因此设定管制，甚

上：维也纳市区里的美丽招牌。

下：盖特莱德街的小铺店招巧妙地融合古典与现代。

巴黎餐厅招牌。

里斯本小酒馆门上的别致侍酒师木雕。

维也纳市区的招牌。

萨尔茨堡盖特莱德街如艺术品般的小铺店招。

至要求一致性的色彩造型设计。而我所见在一致性中仍能保有多元创意，最动人吸睛，简直是一道美丽风景线的商业招牌，是奥地利萨尔茨堡的盖特莱德街（Geteride-gasse）。在萨尔茨堡古老街区的蜿蜒石板路上，一具具精致铸铁打造如艺术品般的小铺店招，或现代，或古典，仿佛以一种隐而不显的方式提醒我们，商业不是只有铜臭，叫卖也并不一定非得声嘶力竭，擦亮牌匾的方式很多，而你所选择的方式，就代表着你所代表的文化。

　　舞台剧《王府井》努力表达的，也许就是这个。

直接将红色风车放在屋顶上，作为地标的巴黎红磨坊剧院。

巴黎的拱廊街。

12

Display Window

巴黎橱窗

城市是人口稠密、财富与机会聚集、经济活动与社会活动蓬勃的地点。而曾经，城市梦想家们相信，理解一座城市最好的方式，是以自己的双脚步行漫游。

因为深爱巴黎的德国哲学家本雅明（Walter Benjamin，1892—1940）对于城市"漫游者"（flâneur）出神入化的描述，使得"步行"与"城市"之间，在现代化的发展里出人意料地被镀上一层特别的亲密关系。本雅明的著作里，甚至记载十九世纪的巴黎，居然有绅士牵着一只乌龟在街道上散步——这种矫揉造作的惊人之举其实大有深意，本雅明试图要呈现一种"减速慢行"的价

有着采光玻璃穹顶的奥赛美术馆。

值观：这位先生必须以"龟步"来规范自己的步伐，如此才能彰显出"漫游者"期望以自己的优雅脚步，测量与感受城市每一寸土地的梦想。

然而，梦想终归是梦想。巴黎绅士缓慢悠闲的步伐，得益于十九世纪流行的"拱廊街"（arcades）之设计，这是利用工业革命之后所迅速发展的技术，以铸铁与透明玻璃所构建的新型建筑，在两列商店之间架起玻璃穹顶的拱廊，而创造出免于日晒雨淋、总能保持优雅的人造散步空间。但是这种造价高昂的拱廊街根本无法推广，不可能覆盖整座城市。于是在玻璃穹顶、玻璃橱窗与煤气街灯所辉映幻化出的缤纷色彩光影里，"拱廊街"成为了城市如五彩气泡般的梦境。"漫游者"一旦走出梦境，许多文化梦想在冷酷现实面前注定要脆弱破灭。现在如果我们还想怀古，就只能到巴黎仅存的几座陈旧没落的商业拱廊街区，或是像奥赛美术馆这类旧建筑改造复兴的少数案例里，去重温旧梦。

巴黎橱窗。

橱窗的商业元素

在"拱廊街"梦想破灭之后,"橱窗"这个都市商业元素却被保留下来。橱窗,英式英文作 display window 或 shop window,美式英文则为 store window,系商店为展示商品或吸引消费者所设立的大幅透明玻璃窗面空间。橱窗的发源地正是工业革命与资本主义的发源地:十八世纪末的伦敦。它被发明的动机清楚明白,就是借由新的技术(质量更好、更坚固耐久而且更廉价,尺寸愈来愈大的透明玻璃)与新概念(广告营销),鼓励更多、更快、更不假思索的消费。

仍带有一点拱廊街梦想色彩,却洋溢着更浓厚消费魔力的橱窗,奠定了当代商业大都会的物质基础。我们当然没有机会回到十九世纪的巴黎,去体验拱廊街那种"令人着魔的地点感",却依然可以借由欣赏充满创意的现代巴黎橱窗设计,遥想两百余年来城市魅力的变迁。

有趣的是,在这两百余年的城市发展史中,"橱窗设计"也被系统化为一种专业,甚至被归纳出一种"有效的"营销法则:AIDCA。AIDCA 是五个英文词的首字

134

上：巴黎餐厅橱窗。下：巴黎面包店橱窗。

巴黎橱窗。

母，代表五个层次的商业运转逻辑，它们依序是 Atten-tion（注意，吸引路过潜在消费者的目光）、Interest（兴趣，激发潜在消费者的好奇）、Desire（需求，创造幻想，将潜在消费可能转化成真实消费渴望）、Conviction（说服，有时也作 Confirmation：确认；邀请当下消费）、Action（行动，实践消费）。不知不觉，城市里的市民或外来访客在潜移默化之中，成为商业操弄摆布的木偶，就像大众媒体主流价值所影响的群众意见——英文里有一个词 window-dresser，既是"橱窗设计师"，亦有形塑幻象造成一般人错觉，因此受其影响摆弄的现代魔法师之意，尤其用在操弄民意的讽刺。这些年来，传播学者喜欢以"媒体城市"（Media City）来形容充斥着丰富多元信息或媒体的城市环境，尤有甚之，还相信并强调标

巴黎橱窗。

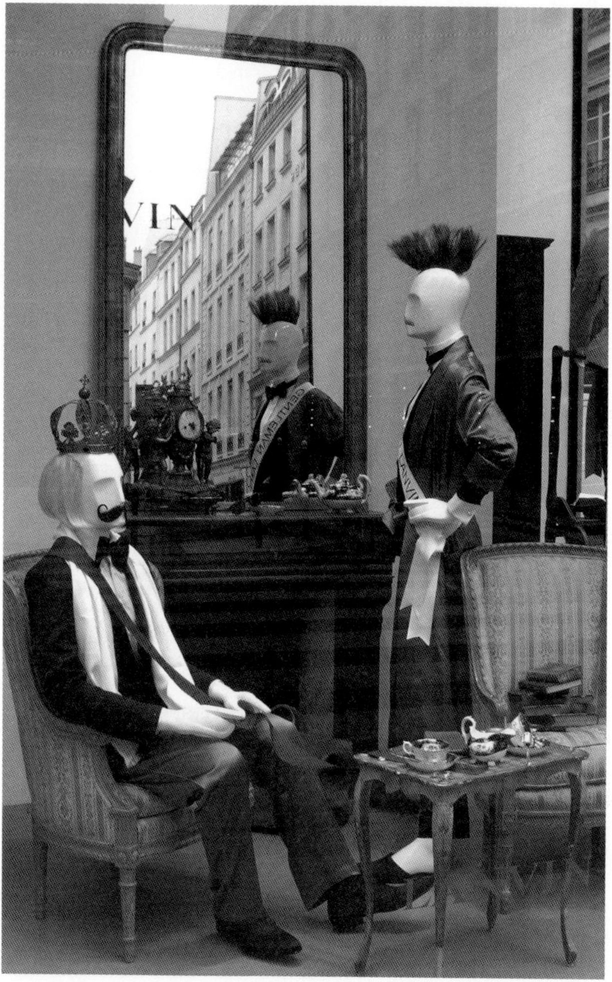

巴黎橱窗。

举"城市即媒体"（City is Media）。那么引领时尚、激发幻想、创造需求、带动消费的城市橱窗，不就是"城市即媒体"最具体的明证？

当城市漫步有了明确的消费目的，就不再是城市梦想家们以法文所描述的 flâner（漫游），而是现实里英文的 shopping（购物，中文有个更传神的翻译：血拼）。十九世纪法国诗人波德莱尔（Charles Baudelaire, 1821—1867）曾叹息："城市面貌变得比人心还快。"我们在今天欣赏动人的巴黎橱窗，呼应当年花都梦幻情境，恐怕也会不由地生出类似感叹。

巴黎橱窗。

13

Advertising Column

欧洲海报柱

巴黎最有代表性的都市家具之一，是法国人称为"墨利斯柱"（Colonne Morris）的海报圆柱。出生于俄罗斯圣彼得堡的法国画家贝侯（Jean Béraud，1849—1935），曾于一八八〇年代完成数幅以墨利斯柱为主角的巴黎街景油画，是公认能呈现花都独特气质、让人一眼就认出是巴黎的经典绘画主题之一。墨利斯柱是张贴海报的公共空间，但却不是一般的文字布告栏。从一开始，墨利斯柱就被设计为仅允许张贴表演艺术活动的海报：音乐会、舞蹈表演、歌剧、话剧……，后来加上了电影。这些海报通常有极具艺术感的视觉图像呈现，而刻意强调

法国画家贝侯以墨利斯柱为主角的巴黎街景油画。

艺术视觉效果的做法，不但增添城市的文化魅力，也使城市地景更显缤纷动人。

原本从一八三九年起，法国第二帝国拿破仑三世治下的巴黎市政府，依照建设总工程师阿尔方（Jean-Charles Alphand，1817—1891）所指导的方案，曾设置了与公共厕所结合、铸铁打造的海报柱，名叫"摩尔氏柱"（Colonne Moresque，摩尔人指的是从伊比利亚半岛、北非与西非而来的伊斯兰征服者，在欧洲常常意味着"异教蛮人"），但是臭气冲天、难以驻足的便所与提供信息之便利布告结合在一块儿"方便加方便"的异想天开，受到市民们排山倒海的诟病排斥。

于是一位巴黎的印刷商人加布利叶·墨利斯（Gabriel Morris）灵机一动，在一八六八年提出独立墨利斯柱的构想，并试验性地在市区设立几座，借以承揽更多表演艺术海报的印刷业务。墨利斯柱试验品受到深受"摩尔氏柱"之害的巴黎市民欢迎，而后居然成为加布利叶·墨利斯的独占事业：巴黎市政府同意由他免费提供墨利斯柱之设置，而同时所有贴在上头的海报，则全数委托他所经营之印刷厂承印。

从海报柱开启了一个家族事业

加布利叶·墨利斯的创意，不但让自己在城市发展史上留名，也开创了一项新兴行业，成立了家族企业"墨利斯柱特许承包公司"（Société Fermiere des Colonnes Morris），包揽巴黎表演艺术海报印制超过一百年，直到一九八六年才被欧洲最大的都市家具集团 JC Decaux 买下，纳入集团。而因为长期由同一家公司单独承造，所

以墨利斯柱被都市史学者公认是第一款标准化的都市街道家具。

　　英雄所见略同，德国首都柏林有一位印刷商人利特法斯（Ernst Litfass, 1816—1874），事实上更早在一八五四年"发明了"形式与功能几乎一模一样的海报柱，并在一八五五年开始在柏林街头设置推广，德国人称之为"利特法斯柱"（Litfasaule）。当时的柏林警察总监路特维希（Karl Ludwig）还授予利特法斯为期十年的"海报柱"（Annoncier-Saulen）特许经营权，德国人一直到今天都持续使用"利特法斯柱"这个名字。二〇〇五年，德国邮政

德国十九世纪中期出现的利特法斯柱。

苏黎世的海报柱。

总局还曾发行利特法斯柱一百五十周年纪念邮票，一方面为庆祝，一方面也摆出追求正史地位的架势。

柏林曾经是一座能与巴黎媲美的伟大城市，是普鲁士王国（1701—1870）、德意志王国（1871—1918）、威玛共和国（1919—1933）、纳粹德国（1933—1945）的首都，有着辉煌的历史。但在第二次世界大战之后，德国一分为二，柏林也被围墙一刀切开，分裂成两座城市，"东柏林"（Ost-Berlin）成为一九四九到一九九〇年德意志民主共和国的首都，而同一期间，德意志联邦共和国则迁都波恩，柏林的影响力与地位一落千丈，再也无法与巴黎相比。甚至在一九九〇年两德统一，首都迁回柏林之后，仍有很长一段惨淡经营期，虽然法国文化部长雅克·朗（Jacques Lang, 1939—）在二〇〇一年为了称赞柏林发展日新月异，而有"Paris est toujours Paris et Berlin nest jamais Berlin"（巴黎永远是巴黎，而柏林从来不是柏林）的名句，但从二〇〇一到二〇一四年担任柏林市长的沃维雷特（Klaus Wowereit, 1953—）为了吸引世人关爱眼神，居然在二〇〇四年喊出"Berin ist arm, aber sexy"（柏林穷，但性感）的口号，可见这座城市重建历程之辛苦。

澳门街头欧风海报柱。

维也纳街头的墨利斯柱。

台北历史博物馆门口的海报柱。

因为分裂，因为穷，因为专注于重建而无暇他顾，"永远不变的巴黎"之光环遮掩了"挣扎求变的柏林"，后来的"墨利斯柱"之名也覆盖了先到的"利特法斯柱"，街道家具海报柱在欧洲城市普遍流传，维也纳、马德里、阿姆斯特丹、苏黎世……处处可见，甚至新大陆的旧金山、纽约、亚洲的澳门，都能看得到，大家都约定俗成地唤它"墨利斯柱"，甚至是"巴黎来的墨利斯柱"。

　　美丽而独特的海报柱，它的流传名号，背后默默流淌着隐而不显的欧洲城市竞争兴衰的历史之流。

阿姆斯特丹的海报柱。

第四部

城市交通

14

Bus Rapid Transit

库里蒂巴之路

　　交换，是城市最重要的功能。虽然在资源与机会高度集中的城市里，投资、生产、消费、管理等其他活动也非常重要，但若缺乏有效率、有价值，甚至有创意的交换，不但城市运作可能出现严重问题，发展前景也堪虞。

　　而"交通"作为城市系统的交换元素，一方面既是城市流动模式之呈现，另一方面其实也是决定都市发展格局的关键。事实上，当城市规模与复杂性不断地升高，它的内部联结与互动就显得愈来愈重要，因为几乎没有任何一个部门可以自给自足，而城市则必须在整体调和的层次上，达成一种微妙的动态平衡。

美国洛杉矶的公路系统。

洛杉矶通往市中心的公路。

从这个角度来审视二十一世纪的城市交通发展，我们不得不认真反省某些惯性的"主流"思潮：过去我们对于西方两百年来定义世界发展的两个核心支柱"市场""民主"深信不疑，并以美国作为最经典的范例。但是，当狭义与扭曲的迷信带来失控的"狂派变形金刚"（在此借用好莱坞热卖电影的片名 Transformers-Deception，台湾学者朱云汉称之为"变形市场"与"变形民主"）时，我们应该认真正视已露出端倪的"去西方中心化"和"去美国化"的重大历史反转。

　　至少在城市交通上是这样。

　　以美西重镇洛杉矶为例，洛杉矶大都会区面积的三分之一与市中心区的三分之二，都是由都市学者所谓的"空间吞食者"所构成：公路、高速公路、交流道、连接车道、停车场、车库、加油站与维修站、休息站等。即使有象征性的地铁与公共汽车，但是在这座拥有数百万居民的城市里，大众运输已不复存在，反而是作为市场经济与个人主义、民主选择象征的私人小汽车横行。城市建设了数不尽的小汽车专用空间，最后汽车被自己堵塞、被自己淹没，并且污染整个天空，成为洛杉矶恶名

昭彰雾霾的主要原因。有人称洛杉矶"是由小汽车创造又被小汽车摧毁的一团东西。无论如何，就城市这个词的古典意义而言，洛杉矶绝非一座城市"。也有人指出，两个人在洛杉矶偶然相遇的概率是零，因为这座城市根本就是一个"大郊区"（Masssuburbia），没有可供散步的市中心。

当洛杉矶上演城市自我摧毁戏码的同时，第三世界城市开始努力走出属于自己的路，而最受瞩目的城市交通"觉醒"来自于美国的后院：由南美出发的 BRT（Bus Rapid Transit，公交车捷运）。

体现公共交通优先的态度

现代 BRT 的源头，是巴西的库里蒂巴（Curitiba）。这座巴西南部的重要城市，于一九七四年建立一套由建筑师出身的市长雷恩（Jaime Lerner）所发明，以主轴公交车专用道为经、接驳小型公交车为纬的鱼骨状"整合交通路网"（Integrated Transportation Network，葡萄牙文原名是 Rede Integrada de Transporte，RIT），成功地

巴西库里蒂巴玻璃圆柱状公车站。

解决都市交通问题，开启精英领导的城市公共交通革命。

库里蒂巴之后，许多拉丁美洲城市纷纷仿效，但是当哥伦比亚首都波哥大（Bogota）在二〇〇〇年建立 TransMilenio 之 BRT 路网时，全球城市都开始明了 BRT 更深层的价值观：公交车捷运可能是，往往就是，但并不只是"穷人的地铁"，它的设计理念无意取代地铁，也无意作为地铁的先期计划（专业界称这类计划为 Pre-metro），甚至应该积极地与地铁、轻轨和其他公共运输工具结合起来，表达出一种立场与态度。这是一种公共交通优先的态度与立场，不能把都市有限的空间资源任凭市场"看不见的手"恣意分配，尤其不能让"少

阿姆斯特丹公交车专用道。　　　巴黎公交车专用道。

哥伦比亚首都波哥大 TransMilenio。

上：巴黎轻轨电车专用道。下：澳大利亚阿德莱德 O-Bahn。

罗马轻轨电车专用道。

上：威尼斯贡多拉船专用水道标志。下：威尼斯 Waterbus。

数先富起来的人"继续"劫贫济富",操弄民主程序与公共决策,而扭曲城市交通的发展。简单地说,就是对抗"变形市场"与"变形民主"所带来城市过度"小汽车化"的现象。

于是,我们在世界各地城市里,陆续看到以各种形式呈现的 BRT,巴黎、伦敦、罗马,乃至于以传统"水上公交车"(Waterbus)形成独特现代路网的威尼斯,还有澳大利亚阿德莱德(Adelaide)的 O-Bahn(这个名字非常有趣:O 来自拉丁文 Omni,"属于人民的";Bahn 则是德文的"轨道"),连厦门与台北、台中,都可以看到现代化 BRT 的踪迹,以及这种新系统与新路网所构筑的城市新地标。

俨然,城市公交车捷运带动了对于二十一世纪城市交换与城市发展的新反省,以及关键时刻潜力无穷的新反转。

上：十九世纪末巴黎公共马车站混乱情景。下：二十世纪初巴黎电车站情景。

15

Bus Stop

城市公车站

　　相对于城市发展的漫长历史，城市公共交通出现得却相当晚。根据史料记载，十七世纪法国著名学者帕斯卡（Blaise Pascal，1623—1662）曾于一六六二年获得路易十四的特许，在巴黎开辟共有五条路线的"五毛钱马车"（Carrosses à cinq sols），因为具有固定路线、固定班表、价格低廉、不分阶级均可搭乘等特征，被视为城市公交车的滥觞。

　　然而，帕斯卡在开设这项创举之后不久就去世了，身后无人坚持其初衷。于是，巴黎市政府接管公共马车事业，首先调高了票价；议会接着管制搭乘者的身份地

美国加利福尼亚州圣克拉拉市公交车站。

位，不但要求给予议员与贵族优先搭乘的权利，更禁止"低阶军人、仆役、不具专业之劳动阶级"等社会地位较低的市民搭乘，公共意义至此荡然无存，"五毛钱马车"也在一六七七年停止营运。

沉寂了近一百五十年，一位英国商人格林伍德（John Greenwood，1788—1851），于一八二四年在英国曼彻斯特与利物浦两座城市之间开设收费马车服务，再没有阶级歧视与隔离，被公认是第一条具现代性的"公共马车"（Omnibus）。但是在初期，格林伍德的马车服务只能算是"城际公交车"，直到因为事业成功扩大，才陆续开始在曼彻斯特与附近城市内经营真正的"城市公交车"。而法国城市南特（Nantes）在一八二六年、巴黎在一八二八年也都出现"英国式的"公交车服务。

值得一提的是，不管在英国、法国，或是后来的德国、奥地利以及其他欧洲国家，城市公交车的早期名字都叫作"Omnibus"，据说是在一八二六年法国南特市所设立的第一条公共马车的起始站，正设在一间名叫Omnes的制帽商店门前，公交车经营者因此制作了一块醒目的招呼站牌，上书"Omnes Omnibus"，系拉丁文"人人为人人"之意，典出十七世纪"启蒙时代"欧洲大陆流行的一句口号"人人为我，我为人人"（Unus pro omnibus, omnes pro uno，英文作 One for all, all for one），深具平等与公共的精神。大家朗朗上口叫开了，就简化成 Omnibus。

随着现代化与城市化的进程，城市公交车渐渐普遍，动力从马拉，迅速进化成蒸汽机，再进化成电力与燃油动力，并因为是否架设轨道分化成公共汽车、无轨电车、有轨电车以及公交车专用道等等，公交车成为现代城市运作的重要甚至是必要的元素。而公车站也成为城市不可或缺的街道家具。

各式的候车亭

可以想象，最初的公车站街道家具应该十分简陋，可能只有孤零零的站牌，以及人行道上的站立候车空间，最重要的议题是站名。对于车站附近的居民而言，站名要能凝聚"地方认同"，虽不见得一定都要让居民产生光荣感，但至少也要有足够的代表性，并获得居民认可；

左上：澳大利亚墨尔本的圣诞节公交车专车站牌。

右上：台北公交车候车亭。

下：澳大利亚阿德莱德简易公车站。

法国里尔公交车候车亭。

另一方面，对于一般乘客，站名则要能协助"地方辨识"，最好取自广为人知的惯用地名、路名或场所名，并应避免与其他站名产生混淆。而随着都市空间质量的改善与用户意识的提升，公车站出现遮风避雨的建筑，也就是所谓的"候车亭"，以及候车座椅等设施。同时随着都市建筑美学的愈受重视，许多城市的候车亭建筑展现了各具巧思的设计，倒是因为城市的拥挤特性，大部分的候

巴黎公交车候车亭。

上：伊斯坦布尔公共电车候车站。下：巴黎郊区新市镇以骑楼设计成电车站。

法国斯特拉斯堡开放性电车站设计。

车亭都反射性地选择了透明的强化玻璃材质，强调视觉穿透性与随之而来的感觉舒缓性。

许多候车亭也配置了提供公交车路线、停靠站、接驳路线、区域地图等静态信息的图文，乃至于公交车实时位置、目前路况、预计到站时间、未来班次到站时间等所谓"动态信息系统"，并可以移动电话APP连接取得，公共交通作为一种都市关键的"交换元素"，似乎随着科技的发展与应用，与市民生活更紧密、更有效地结合。

曾经有自命先知的人预言：随着科技发展，"网络将会取代马路"！但真实的发展经验证明，网络活动与科技进步的蓬勃，不但不会抑止都市交通的发展，反而仿佛以一种特别的方式鼓励了人与人、人与都市活动、人与都市环境的互动。我们有理由相信，都市会继续正面地发展，城市交通与城市公车站亦复如是。

巴黎地铁被嘲笑与麦当劳招牌近似的 M 字黄色标志。

16

Subway and Metro

"地铁"与"城铁"

　　地铁既是这个时代全球都市化的重要特征之一，当然值得我们关切。关切的第一个基本问题是：这个名字从何而来？

　　历史上第一条地铁出现在一八六三年的伦敦，当时的名字叫作 Underground Railway（地下铁路）；第二条地铁则出现在一八六八年纽约，美国人称之为 Subway（替代的道路，相对于平面道路，往往指的就是地下铁路）。于是，这两座盎格鲁-撒克逊人所建立的城市联手确立了"地铁"的称号。后来德文"U-bahn"（Untergrundbahn，地下铁路）、瑞典文"T-Bana"

（Tunnelbana，隧道铁路），乃至于日文"地下铁"与中国内地、香港通用的中文"地铁"，强调的都是"在地底下运行的铁路"。

但地铁的定义其实是使用"不受其他地面交通干扰"的隔离式专用路权，这种路权在交通工程术语上也被称为"A型路权"，是最高等级的专用车道，没有交叉路口或红绿灯，不会塞车，也没有任何其他交通工具可以分享专属的行车空间，所以，可以走得很快。台北市为自己的地铁取名为"大众捷运"（Mass Rapid Transit, MRT），"捷"（Rapid）这个字就是因为这样而来的——"Rapid"指的不是单纯速度上的快，而是行车顺畅无阻碍。虽然从理论上来说，这种专有路权可以是地面、高架或地下车道，但是在一个城市里，建造一条没有交叉路口的平面专用道的企图，有实际上的巨大困难，而且对一般的都市交通的冲击也太大了，所以地下车道是最常见的，但高架车道其实也并不罕见，美式英文的"El"，特别指的是芝加哥的高架捷运（Elevated Train）；而曼谷、雅加达与温哥华的"天际列车"（Skytrain），德国乌伯塔（Wuppertal）高架的"风中铁

上：美国费城的天空。

下：德国乌伯塔高架的"风中铁路"。

左：阿姆斯特丹地铁标志呈现地下层与电扶梯意象。中：雅典地铁 M 字标志。右：纽约地铁直书 Subway 的灯具标志。

路"（Schwebebahn），同样也是为了凸显高架捷运行驶天际的特色。

关于地铁名称和标志设计

于是，一九〇〇年通车的巴黎为地铁再创新名字，称地铁为 chemin de fer metropolitain（都会区铁路，即英文的 metropolitan railway，常被中译为"城铁"），强调地铁的"都市性"。因为这个世界上许多主要语言的"都会"一词都很近似，缩写都是 METRO（俄文则作 METPO），因此这个简称大家都可以接受。METRO 既然成为捷运的国际通名，也不失为一个干脆的做法，到今天在一些巴黎地铁出入口还可以发现十九世纪新艺术风格的法文"都会"标志，以及由建筑师德尔弗（Dervaux）设计、被称为"德尔弗烛台"的 METRO 城铁标识灯具。而台北大众捷运公司，也将自己的企业品牌定为 MetroTaipei。

从名字来审视地铁标志，设计的脉络就豁然开朗了。伦敦地铁的标志，是环绕着 Underground 蓝底白字的黑

左：费城地铁 Subway 灯具标志。
右：巴黎地铁"德尔弗烛台"METRO 标识灯具。

184

巴黎地铁写着 Metropolitain 全名的标志。

"地铁"与"城铁"

左：香港地铁以中文篆字"木"为标志。

右：上海地铁标志巧妙地嵌入英文 M 字。

东京地铁标志化身为强调双向交通的英文 S 字。

红靶心图案；纽约则是直式书写着 Subway 的灯具；巴黎同时有 Metropolitain 全名与 Metro 缩写的标志。上海地铁标志巧妙地嵌入代表 Metro 的 M；东京地铁标志化身为强调双向交通与 Subway 的 S；香港地铁最有趣，大咧咧地以中文篆字"木"为标志，据说是因为"地""铁"分属"土""金"，为了五行调和而作的风水安排。

除了以上提到的案例之外，一般地铁标志的设计，不免还要强调"流动顺畅""环环相扣"，乃至于"效率""速度感""现代感"等一般人对地铁系统的刻板印象。下次到国内外地铁城市旅游，不妨另眼欣赏他们抽象化了的城市流动美学，说不定能有些另类收获呢。

上：波尔多轻轨电车。下：布达佩斯轻轨。

17

Moving Landscape

流动的城市地景

　　这篇文章标题中"流动地景"（Moving Landscape）的概念，脱胎于"流动地标"。而我第一次听到"流动地标"这个名词，是年轻时担任巴黎公共运输局工程师，一九九三年底编在一组顾问团队，被派到法国东部大城斯特拉斯堡（Strasbourg）参与轻轨计划，在一次由当时的女市长凯瑟琳·图特曼（Catherine Trautmann）所主持的会议上。图特曼提到她的治市愿景：希望将当时正在兴建中的斯特拉斯堡地面轻轨电车，设计成为这座城市的"流动地标"。这位身为法德交界重要城市的女市长，原本是以法语主持会议，但当她提及"流动地标"

时，用的却是德语 Ziehende Landmarke，然后，她瞟了在座唯一东方面孔的我一眼，原本脸上日耳曼式的冷硬线条遽然一下子变得柔和起来，体贴地补上一句英语：Moving Landmark。

"流动地标"确实是个漂亮用语和前所未闻的崭新概念，让人印象深刻，它的诞生，挑战了长久以来我们习以为常的两个都市发展关键元素。

首先是"地标"。地标最原始的定义，是作为导航坐标的自然物或人造物，它从周围的环境中凸显而出，能让

维也纳地面轻轨系统。

人远远地一眼望见，成为方向指引，知名的有南非开普敦半岛的"好望角"（Cape of Good Hope，日文则作"喜望峰"：きぼうほう）和被列为古代七大奇观之一的"亚历山大灯塔"（The Lighthouse of Alexandria）。放在城市的领域来审视，城市地标通常是刻意营造的巨大建筑物或巍峨纪念碑，有着强烈的象征意义，并呈现一种集体的、可与多数人分享的、能够被记忆与传承的"公共意象"（Public Image）。一些都市史学者喜欢举例，认为古埃及时代在城市广场中央所竖立的方尖碑，已从粗到细、由方到尖高高

苏黎世轻轨电车。

在上的量体，汇聚众人目光焦点，继而萌生震撼崇拜与自惭渺小的感觉，正是城市地标基本原型。

将古老埃及方尖碑的阳刚特性思维转化成阴性思维，就正是斯特拉斯堡轻轨电车计划"流动地标"的精神：它不是固定一地，而是可以移动，甚至是随时在移动的；它平躺在地面，并非高耸，并且是非常容易接触、亲近的；它是开放的、公共的，绝非只被少数人垄断拥有，事实上它根本就是一项公共运输工具。

同时，斯特拉斯堡轻轨的颜色是柔和的绿色，绿色是一种中性色，既是暖色也是冷色，带有"同意行动"的意涵，因为传统交通号志中绿灯即代表"可行"。而轻轨许多路段轨道基础上遍植草皮，六条路线两侧新植了超过八千株树木，这些都是符合环保与"城市自然化"的概念，正好与钢筋混凝土人造建筑的灰色迥然对照；电车还有几乎落地的大片窗户，让乘客轻易地看到地面城市的美好景观和街道上的人物活动，"高穿透性"令城市的互动更容易发生，也实现"公共运输工具作为街道之延伸"的理想；当然车辆设计必须更美观、有现代感、易于保养长久如新，因为，它是这座有"欧洲绿色首都"

斯特拉斯堡的"流动地标"轻轨电车。

美誉之城市的流动地标。

斯特拉斯堡轻轨的第二个时代挑战，则是对城市公共运输的深刻检讨。

将城市还给人

地面电车对欧洲人而言，其实绝不陌生，它曾经是第二次世界大战之前，城市的主要公共运输工具，但图特曼市长的轻轨计划，当然不只"回到过去"这么简单，它所

墨尔本轻轨电车。

朝鲜平壤轻轨电车。

要强调的是更深沉的城市意义、社会正义与人际公平。这位深具反省能力的市长认为，二十世纪末的斯特拉斯堡市民正面对"街道沦陷"的危机，图特曼曾揭橥一句著名的口号："街道建设的目的是运送人，而非运送车辆！"

这句口号可以解释为，城市是属于人的，所以街道应该让人来行走，或者让有效率地运送多数人的车辆，也就是公共运输优先行走；至于那些占据空间却只为少数人提供服务的小汽车，不但不应该鼓励，还须被限制。基于这个信念，图特曼邀请斯特拉斯堡市民和她一起对

巴黎轻轨电车。

法国格勒诺布尔轻轨电车。

上：柏林轻轨电车。下：香港昵称"叮叮车"的双层电车。

抗小汽车，把城市还给人，广设与轻轨路线结合的人行徒步区，努力使街道"恢复生气"。

斯特拉斯堡轻轨计划的成功，提醒世人以一种新的视野来重新认识地面电车。我们发现，这个世界不只有划时代的"流动地标"，其实更有许多已经融入众人公共意象记忆中的"流动地景"：有些是怀旧的，例如，一八七三年启用的旧金山地面缆车（Cable Car）与一八九二年的街车（Streetcar）、一八八七年匈牙利布达佩斯在欧洲大陆上率先启用的电车、一九〇二年通车的东京近郊古风电车"江之电"、一九〇四年引进全球现存唯一全数采用双层车体的香港电车……；另一些，则像斯特拉斯堡一样展望未来，例如穿梭于法国酒乡波尔多、布鲁塞尔、阿姆斯特丹、柏林、巴黎，乃至于澳大利亚墨尔本大街小巷的新型轻轨系统。

二十多年前诞生的新名词"流动地标"，以及后来蔚然成风的"流动地景"，提醒我们：辨识与欣赏流动不居的城市风景，也可以是一种旅行的目的与享受。

斯特拉斯堡轻轨电车。

延伸阅读：希望交通

我们常说，斯特拉斯堡是"欧洲的希望"，但是关于这座历史上与地理上都位于文化十字路口的城市，我们却很少讨论它在发展十字路口上与"被命名为希望的公共运输"相遇的种种。我想不出比"希望交通"更好的词，因为我们的希望同时是一种宽容的表现、一种对其他世界开放的希冀、一种对试验的渴望。

我并不想过度诠释，但我盼望大家能够了解斯特拉斯堡对于公共运输与都市交通所做的选择：这项选择并非只遵守着一种窄化了的成本效益计量逻辑，也不仅只依循着我们所谓运输经济学的方向。

更深一层地观照，我们的决策，事实上就是对于城市的一项政治计划。

如果我们追溯城市史，城市是一个活动的场所，所有的活动，包括男人们与女人们一定程度的相遇与互动，而这些活动的目的完美地与都市社交性的密度连接在一起。从这个观点来审视，将市中心与都市边缘空间组织化的重要性就显而易见了。

城市是一个活动的场所，这个定义对于货物商品与运输流通同样适用。而我们发现承载这些活动的网络结构性地影响城市发展。

如果回到人的议题，我们发现汽车过度地决定了城市发展。

我们要做的是重新找回各类运输工具之间的均衡。超越交通的狭隘需

斯特拉斯堡轻轨电车。

求，思索有利于城市的运作模式；然后依循着一个轨迹，思索城市的运作模式。

因此我们自问：积极介入调节那些影响城市运作的元素，难道不会比大费周章去思索那些成本高昂的、不负责任地把一切都说成是"进步"却往往造成伤害的政策，来得更有意义与价值吗？

就因为我们拒绝重蹈已被觉察的覆辙，而将轻轨电车、新的路网与新的公共汽车，以及关于鼓励脚踏车的政策被明确记录在城市宪章里，宪章中还要求行人徒步区的扩大、降低汽车流量、市内行车时速限制在五十公里以下等等的做法。这是第一次在国家的层次上，将一些交通理想化为政策元素，以促使城市运作得更符合期望。这里所说的城市，当然包括那些我们已经完美地规划与确认的部分，但也包括那些仍需大量耐心去整编的部分，那些在空间规划上还隐晦不明的街区、漫散的网络、功能模糊的建筑物。

依照这种看法，不同运输工具间的重获均衡反映了一种追求都市平等的意愿。也就是说，每个人都有权支配他在城市里的"天赋人权"。

我们之所以选择轻轨电车，不只是因为它可以完美地与这座莱茵河畔城市融合在一起，更是基于对"城市天赋人权"逻辑的坚持。

轻轨电车完全行驶在地面轨道上，除了在中央火车站这一段，这段唯一的例外是因为两项重要理由：一是我们对于这个区域的特殊都市设计，另一则是将轻轨电车与城际、国际铁路运输结合在操作层面上的考虑。我们承诺轻轨电车行经的路线都将重获空间质量，并且在不影响成本的前提下进行活泼变化的都市设计，同时所谓的"空间质量"在市中心和在都市边缘都依照同一套标准，并没有差别待遇。

你们大家也许曾被轻轨电车在这个城市无限开放港湾里反映的剪影所吸引。

我们的努力不仅在于科技上的创新发明，固然这些创新，的确让斯特拉斯堡电车拔得新一代轻轨系统中的头筹。在电联车工作计划书里还明确记载一项要求，或者说是一个我们坚信不移的信仰：实现"公共运输运转的每一刻，就等同于一次都市特性的展现"的梦想。

当然，许多问题、许多可能的方案都曾被思索考虑。但是我常常扪心自问，如果这种意愿是诞生于一些平庸的、低层次的论证，例如我们城市的交通困境，乃至于流于一些悲惨主义、对于我们过去设计街区缺失的一些谴责，这样的城市政策讨论绝不可能带来真实的解答。

我们城市的独特之处，在于我们允诺去反省、试验、建造我们对欧洲的希望，并同时对照我们的邻居所建立的优良模式：瑞士的苏黎世、德国的卡斯鲁尔、荷兰的阿姆斯特丹。

我们在法兰西这个六边形的国度里是名创新者。毫无疑问地，首先我们是个观察者，最后我们抛弃那些传统的思考模式。

我个人深深相信：我们所愿意面对问题的广度，带来了实践的勇气。

——斯特拉斯堡市长图特曼一九九五年一月十九日在该市举办之"被命名为希望的公共运输"（Des transports nommes desir）国际交通规划研讨会开幕典礼上的演讲词。

斯特拉斯堡市中心。

By Ji-Elle - Own work, CC BY-SA 3.0, https://commons.wikimedia.org/w/index.php?curid=10434028

Part

5

第五部

城市雅趣

18

Urban Statue

城市雕塑：人物篇

长期在香港、北京与新加坡各大学客座讲学的英国教授贝淡宁（Daniel A. Bell），喜欢将中文常译成"市民主义"的英文 Civicism，匠心独具地改译为"爱城主义"。他认为迄今还没有一个词能够深刻表达我们对于城市的热爱。"爱国主义"（Patriotism）适用于国家但显然不适用城市。尤其国家太大、太复杂、太多元，因此有些危险，似乎不值得人们漫无节制地去爱。为呈现专注于城市的独特情感，贝淡宁创造"爱城主义"的中文新词。而随着世界的都市化，爱城主义正蔓延传播到全球每一个遥远偏僻的市镇角落，所以我们也应该重新学习认识布鲁塞尔的民族英雄雕像。

与感受我们的，以及别人的城市。

贝淡宁相信在时间流转与文化积累过程中，城市会表达出在政治与社会价值上的优先选择，他称之为"城市精神"（spirit of city）或"城市气质"（ethos of city），就是被生活在这座城市里的人们所普遍承认的价值观，会被广泛采用之观看事情的视角。而在公共空间的城市雕塑，特别是具象的、以人物为主题的雕塑，往往标示着政治上的重要角色与场景、文化上的偏好、社会的共享心态，以及纪念死者或历史的不同方式。

佛罗伦萨海神雕像。　　　　　意大利热那亚的哥伦布雕像。

罗丹著名青铜雕塑《加来市民》。

高达三米的罗丹雕塑《沉思者》。

然而，反映城市精神气质的雕塑其实具有强烈的时代性。几乎从一开始，城市人物雕塑就是以宏伟尺度、壮阔史诗、歌功颂德、基于与观看的人保持一定距离而产生慑服力量的纪念碑形式出现。虽然主题不同，例如，意大利佛罗伦萨将神话人物具象化而竖立海神雕像、热那亚为纪念航海大发现创举而竖立哥伦布雕像、比利时布鲁塞尔因分享国家历史而竖立民族英雄雕像，或是有音乐之都美名的维也纳以音乐家莫扎特为雕像，文化之都巴黎以剧作家莫里哀、小说家巴尔扎克为雕像，西方骑士之都马德里以塞万提斯的伟大"反骑士小说"《堂·吉诃德》里的主角们为雕像……，但形式精神却非常近似。直到十九世纪后期，法国雕塑家罗丹（Auguste Rodin，1840—1917）一件重要作品的出现，才关键性地扭转了这个公共艺术的长期形式僵局。

罗丹的《加来市民》将人从祭坛拉回地面

一八八四年，罗丹受邀制作追悼法国北部海港城市加来（Calais）一段古老悲伤历史的纪念雕像：在英法百年战争期间，原属于法国的加来虽顽强抵抗，但在英军长期围城之下，弹尽粮绝，终于投降。英王爱德华三世为了报复，要求加来必须推出六名代表自愿受死，才能同意免于屠城。到了最后期限，有六位市民挺身而出，自缚鱼贯出城献死。

这件几度修改、历经十年、划时代的著名青铜雕塑《加来市民》（*Les Bourgeois de Calais*）终于在一八九五年诞生，整个设计理念变迁的过程饶富意义，精准地反映出现代人对于城市的新看法。罗丹最早的设计是传统金字塔三角形构图的"祭坛"形式，以人物堆栈持续上升的造型，来强调荣耀、不朽、升华（天堂）等象征意义。但在一再反思之中，主角们从高高在上的祭坛被拉回地面，最后的呈现是没有高低上下之分的水平构图，展现一列与常人等高的雕像队伍，"一个接着一个依次安置在加来市政府前广场，用铜浇牢在石板上，就像一串苦难与牺牲的活念珠"。罗丹解释说："我的人像似乎正要从市政府走向爱德华三世的军营，而与他们擦肩而过的今日加来市民，也许更能感觉到这些英雄烈士的传统与自己的紧密关联。我相信，这样必然能使人深受感动。"

维也纳街头美丽的装饰艺术风格雕像。

维也纳和音乐家本人同高的小约翰·施特劳斯金色雕像。

左：阿姆斯特丹街头的嬉戏孩童铜雕。

右：卢森堡公园法国王后凯瑟琳·德·美第奇雕像。

因为罗丹《加来市民》作品的革命性启发，开始有更多的公共雕塑降下高度、放下身段、融入现代时空，并与市民访客平等对话。一八九九年奥地利"圆舞曲之王"小约翰·施特劳斯（Johann Baptist Strauss，1825—1899）过世后，维也纳市政府为他竖立了和音乐家本人同高的金色雕像。而即使有些雕像为凸显地标特性，依然高耸巨大，但也更愿意接地气，以无名英雄作为主题，例如德国法兰克福市区由美国雕塑家波洛夫斯基

左：巴黎夏悠宫新古典风格雕像。
右：巴黎第七区毕加索为诗人朋友阿波利奈尔所作头像。

法兰克福的巨大剪影雕像《敲打的人》。

（Jonathan Borofsky）在一九九〇年所设置的《敲打的人》（*Hammering Man*，又名 *Working Man*）。

在一七八九年法国大革命之后，自由、平等、民主成为普遍价值的时代，公共雕塑有这样的转变，顺理成章。其实即使在古老崇尚宏伟的时代里，关于都市生活中之美的欣赏之心，仿佛也一直都在，例如十九世纪巴黎大改造的推手奥斯曼男爵，也曾留下这样如诗般的句子："我崇拜美、善、美大事物。那些激发伟大艺术灵感的美丽大自然，在耳边吟唱，在眼前绽放，我爱繁花似锦的春天：女人与玫瑰。"（J'ai le culte du Beau, du Bien, des grandes choses, De la belle nature inspirant le grand art, Qu'il enchante l'oreille ou charme le regard; J'ai l'amour du printemps en fleurs: femmes et roses.）

下一回，拜访一座陌生城市，如果遇见融入街头生活、与您比肩，似乎下一刻就要活过来的生动公共雕塑时，请会心一笑，并请在心底再回味一次城市人物雕塑发展历史。

阿德莱德的猪群铜雕。

波尔多的衔葡萄之龟。

巴黎的公羊头雕塑。

19

Animal Sculpture

城市雕塑：动物篇

　　城市建立是一种洋溢"人定胜天"精神的过程。

　　人们砍伐草木、驱赶鸟兽、兴筑房舍，吸引城乡移民，集中定居，形成城市。然而大量的、彼此互不知根底陌生人的近距离相处并不容易，因此，除了需要城市管理者以行政、警察、司法、监狱等种种手段控制之外，许多社会历史学者认为，更有效的方法，是以"想象现实"（imagined reality）或"想象秩序"（imagined order）的潜移默化来管理，一言以蔽之，就是建立"城市文化"。

　　城市文化的建立通常有三种相辅相成的途径：第一，是将想象秩序与现实连接起来，促使在真实生活中实践；

第二，将想象秩序与个人欲望结合，因此能长期稳定；最后，调整想象秩序符合多数人的利益，因此获得多数支持。长期稳定、符合多数人利益的想象秩序实践，就是文化。

但是人类社会永远不能避免对立与冲突，秩序的对立面就是混乱，法律对上犯罪，文明对上野蛮，光明对上黑暗，多数人对上少数人，或者人类对上动物。这些或显或隐的对立与冲突，往往是城市文学创作的重要主题，例如，南非女作家罗伦·布克斯（Lauren Beukes, 1976—）二〇一〇年在英国出版的科幻小说《动物城市》（*Zoo City*）。

这本畅销小说被翻译成多国语言，曾获得二〇一〇年英国 Kitschies 文学奖，二〇一一年英国阿瑟·克拉克科幻小说奖（Arthur C. Clarke Award），被列入英国科幻小说协会（BSFA）二〇一〇年度最佳小说名单之列，英国版的书本封面也被该协会颁给年度最佳艺术设计奖。

这本小说的背景设定，是在南非经济中心约翰内斯堡郊区恶名昭彰的犯罪区 Hillbrow，这个区的绰号就叫作"动物城市"。

在这儿，一种"动物园瘟疫"或称"后天非共生灵兽现象"的现象发生：只要犯过罪，杀人犯、抢劫犯、强暴犯或吸毒犯，身边都会出现一只动物，也许是狗、蛇、老鼠或老虎，如同烙印在犯人身上的黥刑刺字，是象征过失与耻辱的罪证。"动物化人士"受到一般市民的排挤与歧视，却各自拥有特殊超能力，书里的主角银子·十二月（Zinzi December）因为过失连累害死亲哥哥，身边被迫跟了一头树懒，也被迫与父母分开，只能居住在混乱的贫民窟街道角落。银子利用自己的特殊能力，替客户协寻失物，并同时以在网络招摇撞骗的方式，

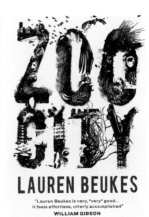

英国版《动物城市》书封。

上：维也纳的猫头鹰雕塑。下：圣地亚哥地铁的群马雕塑。

来偿还毒瘾所欠下的债务，然而，一宗失物事件却演变成了谋杀案件，因此揭开动物城市浮华血腥的黑暗内幕。

作者布克斯以不凡的创意与鲜活的文笔，成功建构出一座令人目不暇接的幻想之城，不仅展现融合原始与未来的奇异风景，更隐约寄托了人性渴求的乌托邦。这本书充满源自原始巫术的奇诡色彩以及宛如灵魂乐的丰富生命力，更处处得见作者犀利的目光，刻画出对于想象秩序的批判与嘲讽。

猜想动物雕塑与城市的关系

然而小说终究不是真实世界，我们只好在城市里零星出现的动物雕塑，找寻人类与动物文化对话的蛛丝马迹。

譬如，在澳大利亚阿德莱德市中心翻拣垃圾桶的猪群铜雕，是讽刺猪的贪食肮脏，还是赞扬它们的自由自在？法国波尔多市中心广场的衔葡萄之龟，系呈现乌龟的坚持，还是嘲笑其缓慢？还有巴黎市区民宅门口的公羊头、伦敦市区大楼门楣上的金色飞羚、维也纳的猫头

左上：首尔的古狮狻猊。左下：危地马拉城的犹大之狮。右上：佛罗伦萨的守卫之狮。右下：台北的抽象化双狮雕塑。

鹰、智利首都圣地亚哥地铁里群马雕塑……，这些艺术作品想表达什么？

在找寻的过程中，我们发觉狮子的雕塑在城市里出现得最频繁，尤其在不见狮子踪迹的欧洲、美洲与亚洲，反而常以雕塑现身。是因为西方基督宗教传统里象征救世主的"犹大之狮"（Lion of Judah）神话，还是因为不见真迹，只听传说，竟更容易刺激艺术想象力，而化为"叶公好龙"的假想与寄托？无论如何，在匈牙利布达佩斯大桥桥头雄踞的狮子、韩国首尔景福宫外的古狮狻猊、佛罗伦萨的守卫之狮、中美洲危地马拉城大教堂犹大之狮浮雕，或者台湾师范大学美术系门口、展现在台北街头的抽象化双狮雕塑，都引发联翩浮想。

这就是城市有趣的地方？也许根本没有答案。但又有什么关系？在世界城市间散步，其实增广见闻还是其次，最重要的是观察人与环境的有趣互动，以及想象力的锻炼。

上：英国现代主义雕塑家亨利·摩尔的抽象作品《拱门山》。

下：德国夫妻档艺术家马丁·马钦斯基与碧姬特·登宁霍夫的不锈钢雕塑《柏林》。

20

Modern Sculpture

巴黎的现代雕塑

    城市历史固然非常悠远，但是在大部分的印象里，"城市"却俨然是"现代性"（Modernality）的重要元素之一。

    以比较宽松的定义来审视，"现代性"即是现代社会的特征，起源于欧美，大约从十五世纪后期的文艺复兴、活字版印刷发明所带动的知识革命与广泛流传，以及航海大发现之后，开始出现。

    西方经济的现代性，发端于市场经济与工业革命；政治现代性，始见于十八世纪后期的美国独立战争和法国大革命；在科学与哲学中，先后有笛卡尔的理性主义、

左上、右上：达利的超现实雕塑作品。

左下：雷杰的立体派雕塑。右下：札德金的立体派雕塑。

现代实验方法、十九世纪末对于科学和形而上的批判，以及爱因斯坦"相对论"所冲撞激荡的惊涛骇浪；艺术和建筑方面，则表现于二十世纪初期的现代主义。而在公认的历史常识里，十九世纪起席卷全球的现代化发展潮流中，"都市化"程度是一项关键性的指标。

事实上，城市作为各地杰人远道跋涉而来寻求机会的集结场所，很自然成为现代性蓬勃发展的温床。现代艺术就是从西方城市开始发展，首先是绘画，然后在十九世纪中期扩展到其他视觉艺术领域，像是雕塑与建筑。大概在十九世纪末，一些对现代艺术造成重要影响的运动开始萌生壮大，例如以巴黎为中心的印象派，以及从德语系大城市柏林与维也纳出发的表现主义，等等。

然而，这些新的现代艺术倡议者并不必然将运动视为一种进步前卫或个人艺术的解放，相反地，他们认为自己的创作再现了所谓的"真实"与"普世价值"。印象派画家常说，人们其实并没有看见物体，看见的（或者眼睛所接收到的）只是物体反射出来的光，因此画家应该走出画室在自然光下作画，并且应该竭尽全力去捕捉那些光影所带来的神奇效果。

这种与之前时代划清界限的革命运动，一定会引发对抗。曾经从古典主义束缚中挣脱而出的法国现实主义画派代表人物库尔贝（Gustave Courbet, 1819—1877），就曾讽刺印象画派而说道："我从未看过天使，也未见到神祇，所以我不画他们。"——这位伟大画家曾经对抗过去，却也同时拒绝未来。

在城市，那些精彩的雕塑

但现代化的未来总是不停歇地一直涌来，一直涌来，并在城市里与过去保守势力激烈对抗，留下明显痕迹。我们信手拈来，在维也纳市中心巴洛克式经典建筑卡尔大教堂前水池上，就矗立着英国现代主义雕塑家亨利·摩尔（Henry Moore, 1898—1986）的抽象作品《拱门山》（*Hill Arches*）；或是在柏林陶恩沁恩大街（Tauentzien-strasse）上，德国夫妻档艺术家马丁·马钦斯基（Martin Matschinsky, 1921— ）与碧姬特·登宁霍夫（Brigitte Matschinsky-Denninghoff, 1921—2011）合作，留下了象征这座城市断裂与缝合的不锈钢雕塑《柏林》（*Berlin*），而这件现代主义经典作品的背景，正是根据十九世纪功能主义建筑大师希维顿（Franz Schwechten, 1841—1924）设计图而建，威廉大帝纪念教堂（Kaiser Wilhelm Gedächtniskirche）在第二次世界大战战火下，所遗留的残垣断壁。

而在我记忆之中，巴黎是最大方拥抱现代雕塑的欧洲城市了。我们可以在圣拉札火车站（Gare Saint Lazare）广场看到阿曼（Arman, 1928—2005）的《生

左：法国艺术家阿曼的雕塑《生命行李寄存处》。
右：杜布菲的雕塑《花边之塔》。

妮基·德圣法尔设计的音乐雕塑喷泉《斯特拉文斯基之泉》。

塔基思的多媒体雕塑《水池中的发光树木》。

命行李寄存处》（*Consigne à vie*），在奥赛美术馆附近发现杜布菲（Jean Dubuffet，1901—1985）的《花边之塔》（*Tour dentellière*），在凡登广场（Place Vendôme）欣赏艺术家达利（Salvador Dalí，1904—1989）的超现实雕塑，在协和广场巧遇立体派的雷杰（Fernand Léger，1881—1955），在蓬皮杜艺术中心旁，妮基·德圣法尔（Niki de Saint Phalle，1930—2002）设计的音乐雕塑喷泉"斯特拉文斯基之泉"（Fontaine Stravinsky）或磊阿勒广场（Les Halles）德米勒（Henri de Miller，1953—1999）的《倾听》（*L'écoute*）旁歇脚。走得更远一点，可以到郊区新凯旋门（Grande Arche de la Défense），见识包括希腊艺术家塔基思（Takis，1925—）《水池中的发光树木》（*Arbres lumineux du bassin*）在内的现代雕塑群。这些伟大的艺术品，都坦然地竖立在户外，在公共空间，都沐浴在印象派画家们所期待的自然光线下。

巴黎是一座始终洋溢生命力的城市，曾有过去，活在当下，却也眺望未来，拥有高质高量的、见证城市持续发展的现代与当代雕塑。

辑二

城市个性

第 六 部

城 市 风 景

21

Calcada Portuguesa

葡式碎石路

　　自己第一次注意到人行步道铺面设计、材质与质量，其实非常之晚，是二〇〇八年陪同友人到非洲中西部几内亚湾里的蕞尔岛国圣多美和普林西比，考察热带农业投资机会，在当地人的引领之下参观了几座葡萄牙殖民时代建立、目前已经废弃了的农庄。离开某一座农庄的时候，突然之间，门外步道上一些和周围环境材料很不协调的铺面残迹吸引我的目光，我停下步伐，用鞋子轻轻踢了踢那些显然不属于这个地方的、分明有人工雕琢痕迹的石块。一旁的当地向导也跟着停下来，顺着我的鞋尖看过去，不以为意地笑着说："啊，这是葡萄牙人的乡愁。"

里斯本葡式碎石子路。

马德里碎石子路。

为什么这么说呢？

原来这在热带暴雨多年冲刷之下，几乎已不见原来模样的铺面，有一个专有名词，叫作"葡式碎石路"（Calcada Portuguesa），其他西方语文提到它时，通常使用葡萄牙原文。葡式碎石路是用葡萄牙特产、黑白相间的石灰石与玄武石铺成，有独特的工法，有习惯性的传统图案，已经成为葡萄牙式建筑的象征之一。顾名思义，葡式碎石路的发源地当然在葡萄牙，但据说，最早是由现今伊拉克一带美索不达米亚的工匠所发明，然后，西传至古希腊、古罗马，而抵达曾经是东西方交会十字路口的葡萄牙。因此，最美的葡式碎石路不在现在的首都里斯本，而是在中世纪时代的首都科英布拉（Coimbra），特别是在欧洲最古老的大学之一，科英布拉大学前广场碎石拼成的智慧女神图案。

葡萄牙曾经是人类历史上第一个全球性的殖民帝国，也是欧洲最早建立与最迟结束的殖民帝国。当年葡萄牙人四海征战，残酷殖民，这些杀气腾腾、必要时绝不手软的征服者们重复做的一件事居然是：每到一处，站稳脚跟之后，就从家乡运来石材工匠，绝不就地取材，原汁原味地建设特有的人行步道，"以慰乡愁"。

这些不规则但尺寸相仿的碎石块，秩序中包容数不清的变化。俨然是马赛克艺术的镶嵌，却简化成更强烈的黑白对比，而且每片区块常有不同的构图主调，有些是所谓"东方风格"的花草纹、盘结文、回字纹；有些是"大航海时代风格"的大小帆船、星象盘、经纬仪；或是象征商业贸易的水果、海鲜、陶瓷器。葡式碎石路的施工方式很原始，就是先开挖路面，厚厚铺上一层利于排水的细沙，然后，以手工将石块敲打成适当大小，手工紧密排列铺成，再以压路机夯实，因为并不使用混凝土，因此雨水仍可渗入，土地仍可呼吸，从二十一世纪的眼光看来，居然还有环保新意义。

莫忘自家脚跟下大事

葡式碎石路后来成为欧洲普遍可见的石块路面的原型，巴黎的大部分道路都以类似的工序施作，只是多使用灰扑扑的花岗岩，缺乏葡式碎石路的色彩变化与图案趣味。一九六八年巴黎学生运动，抗议的学生们刨起铺

澳门葡式碎石子路。

路石块砸向镇暴警察时，口中呐喊、后来成为历史名句的著名口号："铺路石底下，就是海滩！"（Dessous les pavés, c'est la plage !）始作俑者，竟可以追究到葡萄牙人身上。

后来我拜访美洲的巴西、非洲的安哥拉，或是重访已经去过许多次的澳门，重新"再"发现充满"葡国情调"美丽的碎石路时，已经没有那么惊讶了。

但旅行再有趣，累了终究要回家。年轻时向往天下之大，走马看花行万里之路，却往往忽略自家身边"见微知著"随手可得的道路之美。回忆起来，台北原本也

左：巴黎香榭丽舍大道。右：台北人行道上的钱形砖。

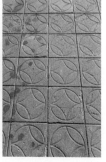

有独特的人行道铺面，那是曾长期沿用、简单刻画天圆地方古币图案的"钱形砖"红砖道。但是之后，也许是因为维修不易，也许为了施工方便，也许因成本或其他考虑，渐渐地，人行道都变成混凝土路面，或制式高压砖，台北与其他城市愈来愈像，连这一点小小的差别也模糊淡出了。

这样的变化是不是因为我们的不在乎？我们是不是没有葡萄牙人那么在乎美的事物？我想起二〇〇二年过世的作家鹿桥，在小说《未央歌》里曾提到的小故事：昆明西山华亭寺的一位履善老和尚高龄七十，每天勤劳打草鞋，一辈子不知道打了几万双，寺里和尚们穿的草鞋都是他的劳动成果，一天他到西南联大校园附近的火化院向幻莲师傅求书法，幻莲为他写了九个字："莫忘自家脚跟下大事"。

"莫忘自家脚跟下大事"不是隐喻，而是直截了当的提醒：人生不是只为别人工作而已，也要为自己而活——欣赏城市，可别错过了自家脚跟下的景致与故事。

巴黎屋顶。

22

Toits De Paris

杨牧的巴黎屋顶

自己最喜欢的城市游记之一，是台湾作家杨牧的花
都之行：

> 有一次我千里迢迢到了巴黎，进了旅馆十二层高的
> 房间，将行李放下，站在窗前看高低错落古今多变的房
> 子，那色调和风姿，忽然就攫获了所有的巴黎形象，那
> 些历史与传统。我心想：到了巴黎，这就是巴黎。遂坐下
> 摊开一叠纸，振笔疾书。到了就好了，知道我已经在巴
> 黎就够了，我竟耽于这个感受，一时失去观光街头的心
> 情，因为急着想表达的是这个"到了"的感受，不是去满

巴黎屋顶。

足那左顾右盼的心情。我一个人坐在旅馆窗前写着，看到美丽的巴黎，其实我可能只是看到自己坐在巴黎的旅馆窗前写着，并因为看到自己那样在窗前写着而格外感动。

我很喜欢这段文字，偶尔也常想，一些朋友读到了很可能会不以为然地惊叹道："这不就错过了巴黎最重要的部分吗？那些美景，那些地标，那些伟大的建筑、广场与林荫大道？"

真的错过了什么吗？不是曾有人说过：一座城市风景再美，如果少了文化，也不过就像是一摞漂亮的明信片？人造城市之所以吸引人，与其说是因为具象景致，毋宁更在于那些相机无论如何拍不出来的抽象文化。

但巴黎不就是文化之都，蒋梦麟还封它作"世界都市之都"，文化不是在这座伟大城市里无所不在吗？文化在巴黎确实无所不在，关键的问题却在于访客们面对文化的态度。如果只是把文化当作口头禅，空谈议论，似乎只要几句话就能说破。但人生最难的事，就是对于所明白的道理，是否有真实的感受？是否能发自真心地自然而然实践？

上：法国尼斯屋顶。下：法国波尔多圣爱美浓（Saint-Emilion）屋顶。

现代社会还容得下任诞吗？

《世说新语》里有一个乍看与杨牧游记迥然不同、本质却十分相近的故事：东晋士人王子猷住在山阴（即今天的绍兴）。一夜大雪初霁，月色清朗，他独自在家饮酒赋诗，咏景感物之余想起好友戴安道，兴致一来，不管时间适不适当，立刻起身出门拜访。但是戴安道住得很远，必须搭船沿着剡溪航行，奔波一夜，将到戴安道家门口的时候，王子猷竟忽然命船回航。折腾了大半夜的随从与船夫们都大吃一惊，认为都已经花了那么长的时光、那么大的功夫了，就仅仅剩下眼前最后一小步，为什么不上前敲门，完成目的呢？王子猷的回答非常经典："乘兴而来，兴尽而返，何必见戴？"

原来，"访友"只是一个借口，长途跋涉虽是过程，在雪夜月光之中溯溪而行的美好过程，反而正是王子猷的真实所求，乘兴既已尽兴，求仁得仁，何复他求？这时，戴安道已经变成可有可无的"他"了。但这是个很难让其他人深切明了的朦胧感觉，并不是每个人都能捕捉与掌握，如同"文化"。甚至连《世说新语》的编者都把这桩潇洒韵事列入"任诞"篇章，"任诞"，可不全然是一个正面的字眼。但既然愿意收入，多少表示编者有容忍这种出格行为的雅量，甚至还有点欣赏。

可惜的是，随着时代的发展，现代人变得愈来愈理性，愈来愈讲求效率，愈来愈精于算计，价值观狭隘到对于"任诞"愈来愈不能容忍。不知不觉我们变成一种人，一种理性远胜感性、"重于物而不重于人"的人，仿佛患了美国荣格学派心理学者罗伯特·约翰逊（Robert A. Johnson）警告的新时代病症："狄奥尼索斯式营养不良"（Dionysain malnutrition）。

狄奥尼索斯是西方的酒神，代表着放荡不羁的感性。罗伯特·约翰逊曾说道："我们的社会注重思考与行动、进步和成功，凌驾于一切之上。我们勇往直前，瞄准顶尖排名，不论做什么都想拿第一。如果某件事物没有金钱上的价值，或缺乏具体回报，很可能就排不上优先次序。我们偏爱能完全控制的情境，而讨厌那些无法掌控的事物。"

秩序、进步与成功当然都很重要，但过度强调关于

上：葡萄牙里斯本屋顶。下：意大利威尼斯屋顶。

意大利佛罗伦萨屋顶。

客观化、标准化与控制的需求，灵魂不免受到折磨，而我们要是无法放松，错过愉悦，就很可能与直觉、同理心、感受力、创造力等，几乎无法度量却对新时代而言，愈显重要的另一个领域擦身而过了。

　　破纸窗前透月明，杨牧的巴黎屋顶，点出了一个也许"任诞"但更健康的、欣赏城市的另类视野。

拉雪兹神父公墓。

蒙帕纳斯公墓。

蒙马特公墓。

256

23

Parisian Cemetery

拜访巴黎墓园

城市墓园也许是西方与东方城市诸多差异中，最截然不同的特色之一，恐怕也是一般东方观光客拜访西方城市行程中，坚决不会列入的地点。也许受到民俗文化以及"子不语怪力乱神"敬而远之心态的影响，东方墓园总是远离人烟密集的聚落，"阳宅"与"阴宅"之间有着明确的相隔界线；同时坟墓始终给东方人阴森恐怖的刻板印象，大部分人避之唯恐不及，更遑论去亲近欣赏了。许多西方城市则恰好相反，"墓园公园化"的情形非常普遍，墓园不但提供珍贵的城市绿地，更因为是历史名人、英雄伟人、文豪、艺术家、思想家安息之所，常常成为市民与

法国雕塑家布朗库西之墓，以其名作《吻》作为装饰。

左：法国作家普鲁斯特之墓。右：哲学情侣萨特与波伏娃合葬之墓。

外来访客悠游于历史长流、缅怀先辈的最佳去处。

举例而言，在人文荟萃的巴黎，就有赫赫有名的三大墓园：音乐家肖邦、电影明星尤蒙顿、浪漫主义画家杰利柯等人长眠、巴黎市区规模最大的拉雪兹神父公墓（Cimetière du Père Lachaise）；安葬小说家莫泊桑、哲学情侣萨特与波伏娃、歌手甘斯布等人的蒙帕纳斯公墓（Cimetière du Montparnasse）；安葬作家小仲马、作曲家巴赫、电影导演楚浮等人的蒙马特公墓（Cimetière de Montmartre）；都是希望重温历史的全世界各地文化爱好者必来朝拜的圣地。

其实，原本巴黎的墓园并不像现在一样受人欢迎，它们之所以变成"历史名园"，曾经过一番波折。

以最著名的拉雪兹神父公墓为例，它是在血腥的法国大革命之后，为埋葬革命动乱期间丧命的贵族与平民而设立的。这座占地四十四公顷的墓园刚开辟时，因为位居巴黎郊区，以十八世纪巴黎市的幅员而言，稍嫌偏僻，家属奠祭不便，未能被普遍接受，使用率很低。拿破仑执政期间，为鼓励巴黎市民使用这片墓地，不但钦命指定其为自己及重要政府官员的身后之地，于一八〇

拉雪兹神父公墓里，法国雕塑家巴托洛梅（Paul-Albert Bartholomé，1848—1928）作品《死者纪念碑》。

莫里哀之墓。

四年将法国历史名人如拉封丹、莫里哀的坟墓从外省迁到这里；一八一七年，著名悲剧恋人埃布尔拉尔和哀绿绮思之合葬棺木更在盛大仪式中，从法国东部圣马塞尔修道院（Abbaye Saint-Marcel-lès-Chalon）迁葬于此，以作宣传，但在当时收效不大。

因巴尔扎克闻名的拉雪兹神父公墓

拉雪兹神父公墓受到瞩目的真正原因，是法国伟大写实主义小说家巴尔扎克的无心插柳。这位十九世纪的文学天才在他的小说里，将去世的主要角色都安排葬在拉雪兹神父公墓。由于当时巴尔扎克的几部小说同时在数家报纸连载，并且广受欢迎，于是，每当他小说中出现葬礼场景，以及对于美丽墓园的细致描述时，一到周末，就有大批巴黎与外省的粉丝们纷纷涌进这座公墓，拿着报纸与实景仔细对照，查看"写实主义"小说家有没有糊弄人！渐渐地，拉雪兹神父公墓的名气愈来愈大，许多法国名人也以死后能葬在这里为荣。一八五〇年巴尔扎克去世后，同样也葬在拉雪兹神父公墓。

上：法国浪漫主义画家杰利柯之墓，以其名作《梅杜萨之筏》作为墓碑。

下：法国雕塑家洛朗斯（Henri Laurens）之墓。

就这样，随着近代史的发展，拉雪兹神父公墓以及历史更早、建立于十四世纪初的蒙帕纳斯公墓，和一八二五年启用的蒙马特公墓，成为巴黎文化史的最佳记录。而十九世纪一直到二十世纪中叶，巴黎曾是欧洲文化首都，蒋梦麟更称其为"世界都市之都"，因此这三座墓园"以死者为贵"，竟成为花都重要的文化圣地。

巴黎都市墓园不仅树木参天，景色优美，环境静谧，也因为许多在历史上"留下故事"的人，选择在此安息，让后人能够到这儿"找寻故事"，故而成为城市旅游景点。

当然，这个世界其他城市里还有许多墓园，也还有其他故事。你可以到伦敦郊区的"高门"（Highgate）墓园与马克思精神对话；到罗马"非天主教墓园"（Cimitero Acattolico）里英国诗人济慈、雪莱的墓前吟诗；到维也纳中央公墓园（Zentralfriedhof）缅怀贝多芬生平；到美国西雅图墓园重温李小龙传奇；或者到台北市区台大校园里的"傅园"追思民国大教育家傅斯年；到台北郊区金宝山墓园悼念一代华语歌后邓丽君……

爱尔兰作家、英国唯美主义运动倡导者王尔德（Oscar Wilde, 1854—1900）曾留下一句耐人寻味的名言："好王尔德之墓，其墓碑雕塑取自诗作《斯芬克斯》的意象。

左：波兰音乐家肖邦之墓。

右：墓地里法国著名雕塑家的作品《妮基·桑法勒之鸟》。

的美国人死后，都去了巴黎；而坏美国人去哪？他们留在美国。"（When good Americans die, they go to Paris. Where do bad Americans go? They stay in America. ）他自己也葬在拉雪兹神父公墓，友人们按照他在诗作《斯芬克斯》（The Sphinx, 1894）中的意象，将墓碑雕塑成一座小小的狮身人面像。

而台湾翻译家缪咏华在二〇〇九年所出版《长眠在巴黎：探访八十七个伟大灵魂的亘古居所》书里，更感叹："如果不是生在巴黎，至少也要死在巴黎；如果没有死在巴黎，最好也能埋在巴黎。"看来，想真正认识这座伟大城市，绝不能错过它的伟大墓园。

左：法国画家马内的作品《露台》（ *Le balcon*, 1869 ）。

右：莎士比亚剧作《罗密欧与朱丽叶》情人在露台私会的经典场景。

24

Urban Balcony

城市露台

台湾作家韩良露出版新书《文化小露台》，收录她近年来所发表的文化思索、文化观察与文化评论，但最吸引我的却是书名里的"露台"这两个字。《文化小露台》尝试以露台来衬映或描述文化：在现代建筑设计，露台几已沦落成盲肠，没有什么值得一提的用途，既不是浴室、饭厅或卧房，追究到最后，仿佛只剩下装饰性的美学功能；就如同文化在台湾社会，显得有些多余，文化有什么具体的用处呢？产业里流行谈文创，其实不正宣告文化总得要能赚钱才有用吗？……韩良露曾撰文这么自问。

上海豫园的私人楼台。

露台是建筑学上的专有名词，是一种从二楼以上建筑物外壁突出延伸，由托架支撑的平台，边缘设置栏杆，借以保护人员或家具不致跌落的一种建筑构件。而尽管露台和阳台泛指同一类构件，但两者之间仍区分，无遮蔽顶盖者为露台，有则归为阳台。

中国古代有露台之称始于宋代，大诗人苏轼即有"月上九门开，星河绕露台"的名句。当时露台的功能类似舞台，是表演戏曲的场地，但和舞台不同的是在形式上没那么正式，露台子弟则是非正式的业余演员，近乎后来的"野台"。宋代民俗文化生活兴盛，北宋《东京梦华录》记载当时汴京的繁华城市风景："楼下用枋木垒成露台一所，采结栏槛，……教坊钧容直、露台子弟，更互杂剧。……万姓皆在露台下观看。"

明代民间亦兴演出，但多在室内舞台，即使露天演出，也多在私人庭院内的楼台。楼台和露台之分，即楼台亭榭是大户人家的私人同乐会，而露台却无差别地直接面对普罗大众。

巴黎处处可见的民居露台。

露台，从面向公众到私与公的空间过渡

在西方，露台英文作 Balcony，意大利文 Balcone，据说起源于迦太基与罗马时代地中海沿岸地区，尤以意大利西西里岛以南到非洲大陆之间的马耳他（Malta）为代表源头，故长期有"马耳他露台"（Maltese Balcony）传统的说法。

但古罗马继承的西方古典露台主要附设于公共建筑之外，多是大型露台，供重要人物如皇帝、教宗、政治人物、军事将领等公开演讲用，直至今日，梵蒂冈教宗仍定期在圣彼得大教堂的中央大露台上对公众演说。不过这传统也表明了古罗马之后的官僚统治和古雅典的精英民主之间的迥然不同，更早的时候，苏格拉底的公共演说地点却是公共市场，是在群众之中进行的。

大露台建筑在中世纪时，迅速式微。因为没有大帝国的超级公共权力，封建领主人人自危，所建城堡处处强调防御功能，再不见暴露于危险之中的大露台。

而在人烟密集的城市里，冲突频仍，私人建筑也开始模仿城堡，对外隔离防御，渐渐地，"一个人的家，就

威尼斯的露台。

维也纳的露台。

24 Urban Balcony

上左：里斯本的露台。上右：佛罗伦萨的露台。下：罗马的大露台。

是他的堡垒"（A man's home is his castle）成为市民朗朗上口的格言。如果追根究底，我们会发现，前述格言其实是由罗马哲学家西塞罗（Marcus Tullius Cicero, 106—43 BC）的名言"还有什么能比一个人的家，更神圣，更应以神圣感觉去坚决捍卫的？"（quid enim sanctius, quid omni religione munitius, quam domus unusquisquecivium?）

所转化而成的。城堡，意味着无论喜不喜欢，在城市里，人与人之间，已筑起有形或无形的高墙。

不过，文艺复兴时期又"复古地"流行罗马古典主义，大露台变身小露台成为建筑风尚，尤其是巴洛克时期，小露台成为建筑不可缺少的美学元素，也象征文艺复兴之后，欧洲社会走出中世纪封闭而朝向开放。小露台不同于大露台，不再是官式演说与政治煽动，而是一种私与公的空间过渡接口，小露台虽然面向群众，有相当的公共性，却栖身私宅，与街道有一定的距离，保持安全，仍有私密。

走在西方城市里，偶尔可见的零星小露台，竟似一种关于文化的坚持。就像韩良露写道的："人生少了文化，就像房子少了露台，就缺少了美感、余裕、闲暇、静谧。我想到自己多年在社会上做的许多工作，都像在社会的主屋办公室做的事，只有偶尔写写散文评论文章，才像站在露台上和世界对话，也许没有太多用处，却让我的生活有了意义与美感。"

换一个角度欣赏露台，仿佛也让城市多了点意义与美感。

25

Gate of City

城市之门

　　门，是设在通道处所的开关装置，借此管制出入。它因此象征着两个不同甚至对立世界的接口，内与外、亲与疏、私人与公共、安全与危险、隐秘与显露等等的隔离界限，都由门来把关。《论语·子张篇》里，子贡就曾借用"门"这个象征，来感叹求学之难："夫子之墙数仞，不得其门而入，不见宗庙之美，百官之富。得其门者或寡矣。"

　　在子贡的言语里，这个界面已从社会中的最小组成团体——家户之门，扩大到宗庙祊门、官府衙门，乃至于宫廷午门，但它"转换"与"启程"的基本性质是不

柏林的布兰登堡门。

巴黎的星形广场凯旋门。

变的。也就是说，一旦开启了门，即意味着行动，也许是出发，也许是归来，都代表着变化。而所有的变化里都蕴含着不可知、不确定与无法控制的未来，可能变得更好，也可能更坏。总之，人生很可能因此完全不一样，而"门"，就代表这个"不一样"的转折契机。

城门的象征性就更强了。城市本来就是现代化与工商化的产物："城"是行政管理的概念，代表人口聚居；"市"则是商业交易，意即财富；城市既是人口与财富集中之地，当然就是机会丛生之所，一旦能跨进城门，进入城市，渺小个人仿佛也有了书写历史的入场券，竟似中国神话传说里的"鱼跃龙门"。

特别是一四五三年，君士坦丁堡被奥斯曼土耳其人攻陷，原本西方通往印度与中国行之有年的重要贸易陆路通道被阻断。而由于当时西方社会对于香料、丝绸、茶叶、瓷器等东方商品需求日益增加，加上对于殖民地与异国财富的渴望，伴随扩张传教等因素，路上之门关闭，只好打开海上之门，直接刺激了后来大航海时代的来临。欧洲经济中心从此逐渐由地中海移至大西洋沿岸的葡萄牙、西班牙、英国和荷兰的港口城市。这时，城

巴黎卡胡塞尔凯旋门。

门所象征的转变就更为巨大，也更令人期待了，由此出发，迎向战争、征服与掠夺的机会；从外归来，带回财富与奇珍异宝，甚至奴隶与殖民地权状，以及世人传诵的冒险与浪漫故事。

故事被传诵，门的形象不断被渲染与赋予意义，终于出现不具实质功能却有非常重要抽象价值的"凯旋门"。

标志胜利的凯旋门标示了城市历史

凯旋门法文作 Arc de triomphe，直译可为"胜利之拱门"，是一种向伟大人物致敬或庆祝光荣胜利所兴建的

维也纳贝尔佛第宫大门。

纪念性建筑物，许多建筑史学者认为它是从罗马时代主城门中的"四向门"（tetrapylon）演变而来。凯旋门有一个或多个纵向通道，一般是三个，横跨在一条宽敞大道之上；中央大拱门可让马车或汽车通行，左右两座次要拱门则提供人行。既然是为了庆祝或纪念，故而大部分的凯旋门都有壮丽精美的雕塑与繁复的装饰。同时为了迎接凯旋将士，或者对外耀武扬威，凯旋门多设在城市入口之处，不过罗马时代的凯旋门其实是设置在城中心，自始就从来没有城门的功能。

罗马现仍保存几座历史上赫赫有名的凯旋门，是观光客必访的重要古迹，例如，为纪念镇压犹太人胜利而

维也纳霍夫堡的瑞士门。

巴黎哈波大道斯哲的新艺术风格大门。

于公元七〇年兴建的提图斯凯旋门（Arco di Tito），是罗马现存最古老的凯旋门；为了庆祝帝国战胜帕提亚人，于公元二〇三年兴建的塞维鲁凯旋门（Arco di Septimius Severus）；或是公元三一五年兴建，古罗马时代最巨大也最经典的君士坦丁凯旋门（Arco di Costantino）。

巴黎香榭丽舍大道视觉焦点，是从一八〇六年到一八三六年由拿破仑亲自下令建造的星形广场凯旋门（Arc de triomphe de l'Etoile），它可能是当今世上最知名的凯旋门了。但其实在巴黎，或者法国境内的其他城市，还有许多精彩的类似作品。例如许多学者都认为，同样由拿破仑下令建造，一八〇九年落成，位于卢浮宫西侧，规模较小但更为精致的卡胡塞尔凯旋门（Arc de triomphe du Carrousel），历史与建筑艺术价值就高于前者。

其他如柏林的布兰登堡门（Brandenburger Tor）、西班牙马德里凯旋门（Arco de la Victoria），乃至东方模仿西方的印度新德里凯旋门或朝鲜平壤凯旋门，都已经不仅是城市象征，更升格到国家象征了。

城市之门，标示着历史，也提醒我们重温马克思一针见血的名言："城市是历史的主题。"

26

Window of City

城市之窗

就定义上来说，"窗"指的是建筑物上所留采光或通风的孔穴，本作"囱"，后加"穴"字头构成形声字。东汉许慎（58—147）所编著的《说文解字》里即如此记载："在墙曰牖，在屋曰囱。窗，或从穴。"有趣的是，现代汉语习惯性地使用"窗户"这个词，然而"窗"与"户"原本指涉的是不一样的建筑元素。"户"本义是"门"，门是进出的信道，代表着实体的移动，以及内外直接的互动；窗只提供视线与呼吸的机会，是一种"远距式"的间接接触，没有那么具象，却因此提供了更多的想象空间。

举例而言，诺贝尔物理学奖得主杨振宁曾经撰文提及自己研究经历中的一个美丽故事：一九四〇年代后期、五〇年代初期，杨振宁和李政道研究量子力学钟左右对称问题时，有一段极度困惑的高原时期，这时的他，曾形容高能物理学者是"一个困在黑房里摸不到房门的人"。一九五六年夏天，杨振宁和李政道终于获得一个反传统观念的创新结论，也就是著名的"宇称不守恒理论"。杨振宁大喜之余，立刻打电报通知当时正在海外度假、亦师亦友的美国科学家奥本海默（Robert Oppenheimer, 1904—1967），奥本海默的回答既简洁又饶富深意，只有四个英文单词：Go out the door（走出房门）。

我很喜欢这个故事，常常画蛇添足地联想，当杨振宁困在黑房里摸不到房门的那一段过程里，是不是有一扇隐而不显的小窗悄悄地开启了？带来一道幽微的光线，或是一丝新鲜空气、一缕似有若无的轻风，引领敏感的伟大科学家找到方向，鼓起勇气，终能走出房门？

"窗"所透露的讯息应该比"门"更隐晦、抽象，虽然有局限性，但却又在时间轴上更提前，在感觉上更能聚焦，并看似矛盾地在可能性的推衍上更宽广、延伸而无罫。人生步伐的开展里，"窗"的灵感似乎总比

"门"来得早一点，且往往以一种出人意料的方式呈现。如同早逝的法国十九世纪女画家朵玲（Louise-Adéone Drölling, 1797—1834）的经典画作《一名室内女子透光描绘一朵花》（*Intérieur avec une femme calquant une fleur*, 1827）所传递的意象：穿过通透光线的玻璃，外面世界的开阔、自由与明亮仿佛将画纸上的静物花朵激活，充满生命活力，甚至就要乘着绘画女子的想象力飞翔起来。

而就这幅画的主题来审视，窗作为采光与通风的建筑构件，对内的意义与价值显然远高于对外，因此在城市景观里，反而较不容易吸引市民或外来访客的目光。即使是教堂里瑰丽缤纷的彩绘玻璃窗，也要从内透光欣赏才能领略它在光线流转间的震撼之美。

窗在城市里的意象

　　不过如果我们够细心，还是可以在城市里发现许多巧思独具、或大或小的窗之风景。例如，伦敦街头一家酒吧，以绘有各形各状西方绅士图样的窗纸代替寻常的窗玻璃，不但创造朦胧的室内气氛，也洋溢着英国人的幽默感；巴黎地铁的通风铁窗，精致地勾勒出捧册好学读书人的造型；台南文化古迹赤崁楼的竹节窗，呈现在传统中求变化的趣味。在维也纳街头，现代与古典窗型融会于一楼的独特做法，婉约地标志着这座城市兼容并蓄的历史感；而近郊由艺术家汉德瓦萨（Friedensreich Hundertwasser, 1928—2000）所设计的后现代建筑百水公寓（Hundertwasserhaus, 1986），则以大小不同、色彩

上：意大利热那亚地铁地面段的采光玻璃窗。

左下：巴黎地铁读书人造型的通风铁窗。

右下：北马其顿首都斯科普里民宅的古朴铁窗。

维也纳百水公寓以窗作为视觉焦点。

上：伦敦酒吧以绘有各形各状西方绅士图样的窗纸代替寻常的窗玻璃。

下：维也纳街头，现代与古典窗型融会于一楼的独特设计。

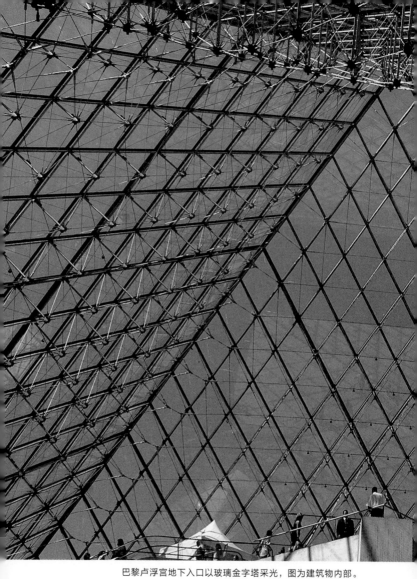

巴黎卢浮宫地下入口以玻璃金字塔采光，图为建筑物内部。

Vue_du_Louvre_sur_la_cour_Napoléon,_le_jardin_des_Tuileries_et_Paris_au_loin.jpg

变化的窗作为视觉焦点。

　　巴黎还有更精彩的窗：被誉为"现代主义建筑最后大师"的华裔建筑师贝聿铭（1917—），将卢浮宫地下入口采光窗设计成宏伟的玻璃金字塔；丹麦建筑师斯普雷克尔森（Johann Otto von Spreckelsen, 1929—1987）勇于将坐落于凯旋门中轴线向西延远点、纪念法国大革命两百周年的新凯旋门（Grande Arche de la Défense, 1989）设计成"一扇开向未来的窗"。于是，在这座世界都市之都里，"窗"升华成磅礴纪念碑，跃为新时代开拓眼界与胸襟的城市新地标。

巴黎新凯旋门。

Part

7

第 七 部

城 市 丘 壑

27

River of City

城市之河

人群逐丰美水草而居，在水源之处形成聚落。而随着群聚的人数愈来愈多，相应的建设愈来愈齐备，就蔚然成为城市，河流与城市有着密切的脐带关系，甚至被喻为"城市的母亲"。

但人工城市似乎也会反过来改造自然河流。台湾城乡研究者王志弘曾这么写道："城市里的河流是被文明驯服的水，虽然水流的变幻与深度总是令人感受到残留的野性魅惑。驯服的水还是可以生意盎然，映照城市的清丽形象，以其流动不拘的活泼特性增益城市的生趣。巴黎的塞纳—马恩省河与伦敦的泰晤士河令世人艳羡，正

上：伦敦泰晤士河。下：斯特拉斯堡运河。

是因为水流与城市在长久的相互交往里，深深地契合在一起，在改造水性的同时，城市成为'水的城市'，水脉是城市无可割离的血脉。"

其实不只是巴黎的塞纳—马恩省河与伦敦的泰晤士河，法国卢瓦尔河（Loire）流域被称作"国王的花园"，星布着一座座经典法式城堡；英国的大学城剑桥，则是以剑河（Cam，徐志摩中译为"康河"，并曾留下《再别康桥》的传诵诗作）。几乎每一座世界名城都有属于自己的名河，意大利罗马有台伯河（Tevere）；威尼斯则是波河（Po）与皮亚韦河（Piave）之间亚得里亚海岸威尼斯潟湖（Laguna Veneta）上，几乎全靠人力打桩所架构的神奇城市，赢得"亚得里亚海的女王""水之都""桥之城""漂浮之市""运河之城"等美名，为英语世界熟知的意大利作家路吉·巴兹尼（Luigi Barzini Jr., 1908—1984）曾在《纽约时报》撰文形容威尼斯"无疑是最美丽的人造都市"；德国柏林有主流哈弗尔河（Havel）与支流施普雷河（Spree）流经；荷兰阿姆斯特丹是以阿姆斯特尔河（Amstel）与其他许多运河所织就的城市；美国纽约则有哈德逊河（Hudson River）——事实上，当

纽约的哈德逊河。

巴黎的塞纳—马恩省河。

一六二四年荷兰殖民者在此建立贸易港口时，因为这里的水景与故乡近似，故取名为"新阿姆斯特丹"（Nieuw Amsterdam）。

在东亚，东京有隅田川，首尔有汉江，北京有永定河，上海有苏州河和黄浦江，曼谷有昭拍耶河，新加坡有新加坡河，福州因为闽江贯穿其中，享有"城在山水中，山水在城中"美誉，而台北，则有淡水河。

城市河流的命运大不同

曾经，这些名城里的名河不仅提供城市生存的必需滋养，也维系着发展的运输与贸易的舟楫脉动，更是城

罗马的台伯河。　　　　　　　　柏林施普雷河环绕的博物馆岛。

市的坐标基准：水流有方向，有上下游，逆水上溯，顺流而下，跨河对渡，构筑成市民生活空间的基本方位，水流的方向引导了城市的方向，是人们定位、理解与想象市的重要线索。巴黎有左岸、右岸，纽约有上城、下城，上海则有浦东、浦西之别，至今依旧。

但某些城市河流的命运却大不相同，譬如台北。当城市张牙舞爪地蔓延嚣张到失去控制，市区水道都被逼得覆盖成为暗渠，淡水河也被隔绝在高大河堤之外。自然退缩到城市边缘，山光水影被水泥丛林与灰暗烟雾遮掩，棋盘纵横的道路与竞高冷漠的大楼建筑成为辨识城

法国卢瓦尔河。

东京隅田川。

上：曼谷的昭拍耶河。下：英国大学城剑桥的剑河。

市的新地标时，城市的定义也被深刻改写。台湾作家舒国治在怀旧文集《水城台北》（2010）中这么感叹着："台北，众人皆知，是一个盆地。而这盆子，不是个干盆子，是一个还盛了点水的盆子。这几十年来台北的成长工作，其实是把这盆子里还剩的一泓浅水给倒干净。"

河水如镜，映照出城市在发展过程中摇曳不定的真相与幻象，一旦镜子消失，仿佛另一头的世界也龟裂破灭。我们当然可以无奈地被动接受，却也不是没有机会主动改变。美国城市生态运动鼓吹者平克汉（Richard Pinkham）二〇〇〇年出版《重见天日：被埋葬河流之新生命》（*Daylighting: New Life for Buried Streams*）一书，记录美国开挖暗渠、再现明河的成功经验。同样的努力也发生在英国，他们使用的是"挖开覆盖"（Deculverting）这个词。而二十一世纪初开始的阿姆斯特丹复兴计划重点之一，是将十九世纪末之后，市区里消失的十九条运河重新复原、重返江湖，让城市恢复生气……

这个世界其他城市与河流的许多旧关系与新关系，给了我们另类城市实践可能性的灵感和勇气。

跨越旧金山湾的金门大桥。

28

Bridge of City

城市之桥

　　桥，是缝合断裂、跨越地理鸿沟的人造物。最早的桥，想来应该是风吹树倒横过小溪自然形成，人们因此受到启发进而复制与改良。中文"桥"字，其实就是"乔""木"的结合，直接展现了发明的缘由。

　　特别着眼"城市之桥"，是因为大部分城市为了取水方便，或为获河川运输之利，常发源于河之一畔、水之一方。许多知名城市也总伴随着知名河流，例如巴黎的塞纳—马恩省河、伦敦的泰晤士河、纽约的哈德逊河、罗马的台伯河、新加坡的新加坡河、上海的黄浦江，威尼斯与阿姆斯特丹更是以运河交织闻名，而台北，也是

上：阿维尼翁断桥。中：巴黎新桥。下：巴黎的艺术之桥。

座从淡水河畔聚落所发展而成的城市。

有河就有桥。有些桥因为建筑特色与坐落位置而成为地标，最有名的就是一九三七年完工并矗立至今，跨越旧金山湾的金门大桥（Golden Gate Bridge）。金门大桥在建成时是世界上跨距最大的悬索桥，它功能主义简洁利落的造型，被国际桥梁工程界广泛认为是美的典范。而深橘红单一颜色，也使桥身在因太平洋寒流与旧金山湾暖流交汇孕育的长年浓雾中，脱颖醒目，几乎可以说是全世界最上镜的城市之桥。伦敦泰晤士河上最受瞩目的则是塔桥（Tower Bridge），它是一座巨大的"开合桥"（Moveable Bridge），可依航运需求而打开桥面让河上船只通行。这座带着维多利亚时代新歌德风格装饰的精美桥梁，于一八九四年完工使用，并因位居伦敦塔附近而得名。许多人常因为那首传遍全世界的童谣《伦敦大桥垮下来》（London Bridge is Falling Down），而将伦敦塔桥误以为是历史更悠久、一八三一年改建完成、大名鼎鼎的"伦敦桥"。但伦敦桥其实只是位居伦敦塔桥上游一座朴实无华、毫不起眼的箱形桥梁。

知名的城市桥梁地标中，有些只供人行，例如意大

泰晤士河上的塔桥。

上：佛罗伦萨的"老桥"。下：威尼斯叹息桥。

利佛罗伦萨一三四五年重建完成、跨越阿尔诺河（Arno）的"老桥"（Ponte Vecchio），这是意大利现存最古老的石造封闭圆弧拱桥，桥上至今仍如中世纪一样保有鳞次栉比的商店和活络的商业行为。

名桥，各有各的故事

威尼斯圣马可广场附近著名的叹息桥（Ponte dei Sospiri），完工于一六〇〇年，造型属于早期巴洛克风格，横跨在宫殿河（Rio di Palazzo）上，连接威尼斯总督府审讯室与死刑监狱，封闭式的拱桥由石灰岩砌成，呈房屋状，覆盖得非常严实，只有向运河一侧开有两扇透气小窗。叹息桥的名字是十九世纪英国浪漫派诗人拜伦勋爵（Lord Byron, 1788—1824）所命名，据说当年因犯在总督府接受审判之后，即经由叹息桥走向死牢，他们将面临的是永别俗世，无可回头。叹息桥有如隔绝生死两岸，所以打密封石桥走过时，从桥上小窗望出最后一眼威尼斯的美丽风景，犯人们总会发出一声深深叹息，竟像是中国民间传说的阴间奈何桥。

上：新加坡模仿 DNA 结构所设计的双螺旋桥。下：法国阿维尼翁圣贝内泽桥。

还有巴黎的艺术之桥（Pont des Arts），或是新加坡模仿 DNA 结构所设计的双螺旋桥（Helix Bridge），都是著名的城市人行专用桥，各有属于自个儿的个性之美。

自己最喜欢的城市之桥，却是法国普罗旺斯首府阿维尼翁（Avignon）教皇宫旁跨越隆河（Le Rhône）的断桥。这座桥原名"圣贝内泽桥"（Pont Saint Bénezet），当法国国力强大之时，曾逼迫天主教在一三〇九年到一三七八年将教廷从梵蒂冈迁至阿维尼翁，并经历七任法国籍教宗，史称"巴比伦被掳期"（La Captivité Baby-lonienne），而这座桥就是当时连接教廷领土与法国国土之间的唯一中介。后来，教廷终究再搬回梵蒂冈，而此桥在一六六八年被洪水冲断之后，居然没有好事者妄加修复，就以断桥纪念过往历史，而留下一幅耐人寻味的都市景致。断桥现以"阿维尼翁桥"（Pont d'Avignon）之名，与宏伟壮丽的教皇宫相互辉映，共为地标。

断桥比完整的桥更美，更有故事性，也反映市民们对于历史、古迹、城市景观的独特观点，引人细细品味。

美国纽约的天空。

29

Sky of City

城市的天空

  高度集中是城市的重要特征，人口集中、资源集中、机会集中……，但是在拥挤城市里，分配不均的现象几乎无可避免，并往往恶化成贫富悬殊的 M 型发展，富者愈富，贫者愈贫，联合国开发计划署（UNDP）就把"都市贫穷"列为二十一世纪发展最棘手的难题之一。

  土地是城市最稀有的资源，因此贫富差距最具体的表现，就是拥有土地，或拥有私人空间的多寡。中国文学里常以"无立锥之地"来形容都市贫穷：穷得连能够插下锥子尖端那么小的土地都无法拥有，典出自于东汉史学家班固（32—92）《汉书·食货志》："富者田连阡陌，贫者亡立锥之地。"不过物质上的贫穷未必等于精神上的贫穷,人们可以有梦,鼓励自己努力向前。如果都市里的空间太拥挤,令人窒息得透不过气来,那么何不抬起头来看看辽阔的天空,让想象力飞起来?

城市想象力起飞的例子之一,是日本动画导演宫崎骏(1941—)在著名动画电影作品《天空之城》(天空の城ラピュタ,1986)中的主题:飞行城市"拉普达"(Laputa)。

许多人以为是宫崎骏"创造"了拉普达,其实他只是"传承"了拉普达。在西方文学史里,尤其是科幻小说史,长期存在着"漂浮城市"(floating city)之母题,寻本溯源,最早是出现在爱尔兰作家斯威夫特(Jonathan

宫崎骏的动画电影《天空之城》。

Swift, 1667—1745）十八世纪前期出版的《格列佛游记》
（Gulliver's Travels）。这套一七二六年首度出版、一七三五年完全版发行的幻想小说一共有四部，分别是世人熟悉的《小人国游记》（A Voyage to Lilliput）与《大人国游记》（Brobdingnag），以及相对于前者没那么有名的《诸岛国游记》（A Voyage to Laputa, Balnibarbi, Luggnagg, Glubbdubdrib, and Japan）与《慧骃国游记》（Houyhnhnms）。第三部《诸岛国游记》中，格列佛所游历的神奇漂浮王国，其名正是Laputa。尤其在这趟长途航行的最后一个岛国是日本，格列佛在江户上岸，觐见天皇（其实是幕府将军），最后得到天皇协助，前往长崎随着荷兰人船队返回欧洲。宫崎骏应该是从这部作品得到灵感而创作《天空之城》。

事实上，在"漂浮城市"母题大伞之下，相关的文艺创作汗牛充栋，不胜枚举，信手拈来，就有以《星舰迷航记》（Star Trek）系列得享大名的美国科幻作家布里希（James Blish, 1921—1975）在一九五〇到一九六二年之间所出版《飞行城市》（Cities in Flight）小说四部曲，或是英国作家斯特罗斯（Charles Stross, 1964—）以金星上空一座漂浮城市为故事起点、荣获多项大奖的小说《土星之子》（*Saturn's Children*, 2008）。

盛名所及，一些在高山上建立的城市也常会拥有"天空之城"的昵称，其中最为世人熟悉的，当属被誉为世界新七大奇迹之一，坐落于海拔二千四百米山脊上，秘鲁的印加帝国城市遗迹马丘比丘（Machu Picchu）。

欣赏城市的天空

科幻小说太虚，马丘比丘太远，于是，有人就在城市里仰望天空。有时顺着高耸的建筑物或高架铁路延伸视野，有时被刻意设计的美丽拼花屋顶所吸引，还有人将"天际线"（Skyline）——由城市中的高楼大厦与天空构成的整体轮廓景观——视为欣赏城市的重要方法，天际线作为城市整体结构的人造天空，呈现每座城市的独特印象，这个世界上不可能有两条城市天际线是一模一样的。

但是却也有人造的天空。比较正面的，是台湾艺术家庄普（1947—）为台北地铁所创作的公共艺术《行走的乐，快乐的云》（1998）；以假乱真的，则是澳门威尼

秘鲁天空之城马丘比丘。

美国费城天际线。

中国香港维多利亚港天际线。

巴黎地铁的隧道穹顶公共艺术。

左：庄普公共艺术《行走的乐，快乐的云》。
右：澳门威尼斯人酒店里的人造天空。

斯人酒店里，天花板上模拟彩绘天空。

　　这让我想起大陆艺术家陈丹青（1953—）在《退步集续编》（2007）里，提到"想象"与"假想"两个不同的概念：所谓"想象"，系"自己是主体，然后从容接受外来的种种新事物新观念"；至于"假想"，"就是你仿效的对象，你想成为的角色，其实不是这样，可你以为是这样"。

　　各式各样我们想得到或想不到的、遇得到或遇不到的，城市的天空，总希望带来的是想象，而非假想。

上：十六世纪油画《巴别塔》。下：印度尼西亚婆罗屠浮屠佛塔。

30

City Tower

城市之塔

　　人类是群居动物，而城市建立是这群灵长目动物通力合作的最伟大成就之一，城市标示着进步，而城市建筑的节节高升，更是人类进步的具体化象征。

　　事实上，萌芽于十六、十七世纪的欧洲城市里所谓的"进步史观"（Idea of Progressive History），是由基督宗教的直线史观蜕变而成。在原本基督宗教的史观中，人类行为系经由上帝安排，人无法为自己选定发展的方向，信仰上帝意味着人生不再有东方宗教轮回转世的可能，只能像过河卒子一样拼命往前发展。在文艺复兴时期，法国史学家博丹（Jean Bodin, 1529—1596）明确提

柏林电视塔。

出了进步史观的概念，相信科学知识推动人类前进，促使社会在不断发展与进步的推动下，持续发展，现在比过去更进步，未来则必定超越现在。这种观念获得英国哲学家培根（Francis Bacon, 1561—1626）的阐发，培根认为人类历史的进步是建立在知识基础上，而随着科学的进展，人类社会将无止境地进步。另一位法国哲学家佩罗（Charles Perrault, 1628—1703）亦与培根持相同论调，认为知识是随着时间演变而递增，新知识必定取代旧知识，往上叠加，愈来愈高。

在进步史观的发展过程中，意大利学者维柯（Giambattista Vico, 1668—1744）勾勒出，历史是一个从低级往高级时代发展的进步过程，历经三个阶段——神祇时代、英雄时代和凡人时代，呈现渐进式的螺旋式上升。维柯提出"世界是由人类创造出来"的历史观，对西方进步史观带来巨大影响。伏尔泰（Voltaire, 1694—1778）认为理性是人类进步的动力，他以人类历史进步的思想取代上帝主宰人世命运的观念，批判了神学史观，并将历史编纂扩及人类各方面活动，把人类历史当成整体，进行综合和比较的研究。

336

当知识启蒙为凡人们带来无限发展的膨胀信心，"欲与天公试比高"的雄心壮志勃勃出现，古老传说里的"巴别塔神话"于是不断上演。

进步史观下的现代巴别塔神话

巴别塔，希伯来文作 Migddal Bavel，英文作 Tower of Babel，中文有时意译为通天塔，Bavel 在希伯来文中有"变乱"之意。据成书约在公元前一四〇〇年的《圣经·创世记》第十一章记载，古代人类曾联合起来兴建塔顶能直通天际、传扬人类能力之名的高塔。而为了阻止人类的野心计划，上帝施展法力让人类说不同的语言，阻止人类相互之间的沟通，计划因此失败，人类自此彼此冲突，并各散东西。

《古兰经》里亦有类似的故事，埃及法老曾要求臣子哈曼（Haman）建造一座高耸泥塔，让他能爬上天堂与摩西之主见面，但该塔并没有留下名字。

但中国原本不太有高塔的概念。佛塔与佛教一样，起源于古代中国人认定的"西方世界"：印度。在公元一世纪佛教传入中国之前，中文里并没有"塔"这个字，当梵文 Stupa 与巴利文 Thupo 随佛教流传至中土时，曾被音译为"塔婆""浮图""浮屠"等名，直到隋唐时期，才有"塔"字被创造出来，渐渐成为统一的译名。

有趣的是，汉化之后的佛塔也愈建愈高，明代冯梦龙（1574—1646）《醒世恒言》里"救人一命，胜造七级浮屠"的名言，正代表佛塔愈建愈高、视炫耀为虔诚，宁可建高塔，不愿救人命的扭曲人心发展趋势。

西安大雁塔。

巴黎教堂钟塔。

东京晴空塔。

于是古今中外，东西方城市不顾巴别塔神话的劝告，不约而同地纷纷建造高塔，仿佛接力赛似地较量高塔、纪念碑或摩天大厦的高度。虽然二〇〇一年九月十一日，美国纽约发生恐怖分子挟持飞机，冲撞曾是世界最高大楼的世界贸易中心双子塔之自杀攻击事件，许多有识之士因此认真反省超高层大楼的公共安全议题，但这个世界的高塔与大楼的高度仍不断刷新纪录。

有趣的是，风水轮流转，从二十世纪末开始，台北101大楼、首尔乐天世界塔、上海中心大厦、东京晴空塔、杜拜哈里发塔，世界最高建筑物的"美名"，就像帽子戏法一样，竟在亚洲国家重要城市中一再变出炫目的魔术花样。

在二十一世纪重新审视发源于西亚的古老巴别塔神话，并对照长期影响人类发展却令人忧虑的"进步史观"，城市，是不是该有一些"另类的"发展模式？

31

Urban Museum

城市博物馆

　　城市是资源和机会高度集中的场所，而这种高度集中最优雅与最有文化的体现，就是博物馆。事实上，许多国际知名的博物馆，不但是市民重要的休闲与求知去处，外来访客的朝拜圣地，像是巴黎的卢浮宫、伦敦大英博物馆、纽约大都会博物馆、圣彼得堡的艾米塔吉博物馆（State Hermitage，或译"隐士庐博物馆"）、台北与北京的故宫博物院，更已经成为城市的重要象征。

　　博物馆的英文 Museum，源自于古希腊文 Mouseion，原义为敬拜女神缪斯（Muses，此神祇之名是以复数存在，代表掌管文学、科学、艺术的多位女神）的神

庙。而一般公认的第一座博物馆，是大约公元前三〇〇年设立于埃及尼罗河口亚历山德拉港的亚历山大图书馆（Library of Alexandria），这座伟大的图书馆又名"缪斯馆"（Mouseion，或作 Musaeum），是亚历山大大帝（Alexander the Great, 336—323 BC）征服西方世界后英年早逝，由其麾下将领与密友托勒密一世（Ptolemy I,

367—283 BC）创建，经托勒密二世、三世扩充而成为希腊文化的知识中心。馆中专门收藏了古希腊亚历山大大帝与托勒密王朝在欧洲、亚洲及非洲征战"毁其宗庙，迁其重器"战利品，以及四处搜罗的艺术品、标本与奇珍异宝、手工绘制的地图与手抄的善本书籍，但当时博物馆仅提供官方学者研究之用，并不对外开放。

到了文艺复兴时期，欧洲的王公贵族开始于宫殿城堡中辟设专室收藏珍品，但限于森严的社会隔离制度，只有少数上层阶级得以参观。早期博物馆始于特权富裕的个人、家族或学术机构的私人收藏品，包括稀有或猎

佛罗伦萨乌菲兹美术馆的镇馆之宝：大卫雕像。

伦敦塔。

法国贝桑松艺术与考古博物馆。

奇、让人眼界大开的自然标本和文物、书籍。这些东西摆设在所谓的"搜奇柜"（cabinets of curiosities）或更大的"奇观厅"（wonder rooms），不过依然只有少数特定人士才有机会受邀参观。

博物馆向大众开放之路

世界第一批公共博物馆是在十七至十八世纪的启蒙时代，出现于欧洲。其中，伦敦塔的皇家军械库（Royal Armouries）是英国历史最悠久的博物馆。根据成文史料，这座主题博物馆早在一五九二年，已有特殊访客付费参观的记录，但一直要到一六六〇年，才真正向公众开放。

法国东部的贝桑松艺术与考古博物馆（Musée des BeauxArts et d'archéologie de Besançon）一六九四年成立，始于一位修道院院长将个人收藏品捐给所属城市，可能是法国最早的博物馆。而作为法国文化代表的卢浮宫，则是在一七八九年法国大革命之后，才对普罗百姓开放。意大利"国中之国"教廷的梵蒂冈博物馆，系一七五六年于罗马开幕。

伦敦大英博物馆成立于一七五三年，并在一七五九年向公众开放。

意大利佛罗伦萨的乌菲兹美术馆（Galleria degli Uffizi），从十六世纪起，即已应游客要求而开放，而于一七六五年正式向公众开放。

坐落于维也纳西南部，曾经是神圣罗马帝国、奥地利帝国、奥匈帝国和哈布斯堡王朝家族等之皇宫的"丽泉宫"（Schloss Schonbrunn），于一七八一年开放为公共博物馆。

然而，前述这些所谓的"公共"博物馆，往往只允许中上阶级（或"纳税"的有闲阶级）进入，而且取得门票十分困难。例如在伦敦，虽然大英博物馆在一七五九年就宣布向公众开放，但想要参观的访客必须以书面提出申请。即使到了一八〇〇年，常常还必须等上两个星期才能获得同意书，而且小型团体游客只能在馆内留两小时。直到维多利亚时代（1837—1901），英国的博物馆才开始在周日下午开放，以便让"其他阶级"，亦即在工作日必须工作的劳动阶级大众，能够在休息日"自我提升"。

巴黎卢浮宫。

上：圣彼得堡的艾米塔吉博物馆。下：伦敦国家画廊。

上：纽约新当代艺术博物馆。下：巴黎科学博物馆。

上：比利时鲁汶丁丁博物馆。下：法国学童在蓬皮杜艺术中心。

第一座真正的公共博物馆其实是巴黎卢浮宫，它正式开放的时间是在一七九三年，因为大革命打破了阶级隔离，因此历史上第一次允许各种不同阶级的人们，平等自由地一起见识前法国王室的宝藏。于是，几个世纪以来，由法国君主从各地搜罗而来的伟大艺术珍藏，每十天对公众开放三天（在大革命时代，法国实施共和历，以十天的计日单位取代七天星期制），并对欧洲，以至于全世界博物馆的公共化，产生深远影响。

当博物馆珍藏成为市民共有分享的知识宝库与灵感泉源时，这个独特的地点渐渐成为城市的重要磁石，吸引各地、各国人士跋涉远道而来朝拜取经，教育的"涟漪效果"一圈一圈地扩大，蔓延影响。虽然城市依旧是资源和机会高度集中的场所，但因为公共而带动的公平契机，隐而不显地让改变与向上流动成为可能。

教科书上这么说，博物馆是为了公共教育的目的，而搜罗、保存、诠释以及呈现具有艺术、文化与科学意义的展品。而对我来说，博物馆强化了城市的艺术性、文化性与科学性，并借由可分享的、"润物细无声"的教育性，向每一个人，以最优雅的方式展示了城市的公共性。

第 八 部

文 化 片 羽

32

Americanization of City

城市的美国化

　　许多国际史研究者认为，"美国崛起"是二十世纪、特别是第二次世界大战以后世界局势翻转的独特现象，甚至曾流行一种观点，将美国的强大，简单化解释为在"一战"和"二战"之中大发战争财的结果。

　　但早在第一次世界大战爆发之前，美国实力已能与英、法、德等欧洲列强并驾齐驱。举例而言，纽约第一条地铁线通车于一八六八年，仅次于一八六三年启用地铁的伦敦，排名世界第二。事实上，十九世纪美国顺利完成农业扩张、交通（铁路）革命、工商业发展、都市化进程等重要经济准备，才是后来蓬勃崛起的重要原因。

日本滋贺县琵琶湖区域的可口可乐长椅和树。

不过“二战”之后，美国的全球影响力急遽增强，并在一九八〇年代末，奠定全球“一超多强”的权力格局，这种大约以四十年的时间完成霸业的速度，确实令人咋舌。于是，观察家尝试以各种视角、各个观点与各式模型，来描述或解释此一“美国化”独特现象。而其中让人眼睛一亮，既有趣又具深意的是“可口可乐化”与“麦当劳化”。

“可口可乐化”，英文作 Cocacolonization，是一八八六年所发明、在大多数国家的碳酸饮料市场处领导地位的美式饮料 Coca-Cola，与“殖民化”（Colonization）两个英文单词结合的复合词。它的意思是以美国为代表之西方文化帝国主义的全球化，或“文化殖民化”。据说，这个词是一九四九年法国共产党人在巴黎的咖啡馆里，看到美国来的可口可乐受到欢迎，面对战胜德国而以解放者姿态而来的文化侵略，沉痛之余所创造的新词。

“麦当劳化”（McDonaldization）则源自于美国社会学者瑞泽尔（George Ritzer, 1940—）于一九九三年出版之名著《社会的麦当劳化》（*The McDonaldization of*

布拉格经典建筑物顶上的可口可乐广告。

Society），这个词被用来描述一九八〇年代末，资本主义大获全胜之后，全球社会随之变迁的四个方向：以"效率"作为检视理想作业的主要标准；要求"可计算性"，也就是必须能有客观的量化数据；"可预测性"，提供标准化与一致化的产品与服务；"可控制性"，雇用并训练、要求能做到标准化与一致化产出的员工。以上这四项特征，正是一九四〇年在美国诞生的麦当劳连锁快餐店运作之基本原则。

大连可口可乐电车。

里斯本可口可乐电车。

威尼斯巷子里的小小麦当劳餐厅。　　台北淡水的麦当劳餐厅。

"可口可乐化"与"麦当劳化"无所不在

全球城市在"美国化"浪潮席卷下几乎无一幸免，甚至在城市实质环境里，只要细心找寻，处处可见"可口可乐化"与"麦当劳化"的蛛丝马迹。例如在捷克首都布拉格"青年风格"（Jugendstil）经典建筑的屋顶，大咧咧地架设巨大鲜红的可口可乐文字商标，粗暴地改变了这座美丽城市的天际线；在葡萄牙里斯本和中国东北大连市的街头，都可以看到身披可口可乐宣传彩绘的电车身影；连当年高举着反可口可乐大旗的巴黎，作为欧洲旧世界象征之一的咖啡馆，都贴上由法国当代著名设计师高提耶（Jean Paul Gautier, 1952—）所设计、穿着时尚新衣"新瓶装旧酒"可口可乐搔首弄姿的广告。

同样地，麦当劳快餐餐厅无所不在，本质完全一样，外在形容却略有差别。可能保留了最早美国高速公路旁竖立惹眼金黄色M字标志的原型，例如台北郊区淡水的麦当劳；也可能更细致地融入地方特色，像是在奥地利萨尔茨堡的盖特莱德街（Geteridegasse）上，以精美铸铁打造如艺术品般的麦当劳招牌；或是法国鲁昂萨尔茨堡精致的麦当劳店招。

（Rouen）仿佛与传统木筋墙建筑结合成一体的巧妙设计；甚至在意大利威尼斯小小不起眼的麦当劳餐厅，谦虚地，几乎可以说是瑟缩在巷子里。这里提的后面三个例子，以社会学的专有名词分析，就是"全球在地化"（Glocalization）的具体映射。

"全球在地化"又是一个复合新词，是"全球的"（Global）加上"在地化"（Localization）的结合。但我们必须很谨慎地面对，因为它绝非反全球化，相反地，是做法更细腻、更不容易让人警觉或心生反感的全球化。就像巴黎可口可乐有更时尚、更具流行感的包装，或台北麦当劳开始贩卖米饭类素食产品一样，从不放弃地、一点一滴不停歇地从小处起美国化我们的都市生活，美国化我们的城市。

台北 101。

33

Urban Landmark

金字塔、马拉松与闲逛
——我的台北地标联想

　　提到台北地标，我与大部分的人一样，不假思索地从脑海里蹦出一个名字：台北 101！

　　因为确实是反射而出，反而让我警醒它非常接近城市"刻板印象"，俨然就是关于城市意象的简化与偏见了。我于是自问：地标地位是否可能变动不居？每个时代是不是常有着专属于自己的地标？

　　因此联想到一九九〇年代中期，中国社会学者孙立平（1955—）访问巴黎，他向法国高等社会科学院教授图海纳（Alain Touraine, 1925—）提问：法国近年来社会结构最重要的变化是什么？而得到的回答非常简单："从'金字塔'变成了'马拉松'。"

图海纳的意思是，过去法国社会是一种金字塔式的等级结构，在这种结构之中，人们之间有阶级地位的差别，但同时却又都被囊括在同一结构之中。然而，现在这种结构正急遽消失，取而代之的是马拉松式的耐力长跑，每跑一段，就会有人掉队，掉队的原因可能是因为体力不济跟不上，也可能是价值观改变自动转向。无论如何，被甩出去的人就脱离了目前的社会结构；而继续坚持跑下去的，则被吸纳到资本主义主流国际经济秩序之中。

我很喜欢图海纳"金字塔"与"马拉松"的比喻，并且觉得非常适合拿来描述与分析城市地标历史变迁，但基于一点小小的私心，在"马拉松"之后，再加上法国诗人波德莱尔（Charles Baudelaire, 1821—1867）笔下的"闲逛"：当年面对十九世纪高速现代化与都市化的时代，波德莱尔曾感慨"城市面貌变得比人心还快"，相形之下，"闲逛者是富有想象力的孤独者"，他也许因为脱队而无法晋身主流，但却有了自己独特的步伐，而"想要成为一名完美的闲逛者与热情的观察者，就必须走入人群，唯有在那儿才能找到无限的欢愉"。

　　将这三项比喻元素放进历史脉络来审视，"金字塔"地标仿佛标志着没落的贵族余晖，"马拉松"地标代表商业挂帅的主流价值，"闲逛"地标则可以诠释为非主流却隐含另类可能的未来。它们组合成一个独特的架构，帮助我分析心目中的台北地标。

圆山大饭店：金字塔地标

　　金字塔是埃及法老的陵寝，也是非洲，至少是北部非洲最重要的大陆意象地标，转译在台北，则非传奇的圆山大饭店莫属。

圆山台湾神社图。

从高速公路远眺圆山大饭店。

已经渐渐淡出台北人生活圈的圆山大饭店，几乎就是台湾蒋家王朝的准确投影。这座建筑的坐落位置原是日据时代台湾神宫的所在。台湾神宫前身为台湾神社，建于一九〇一年，主要是祭祀在攻台战役中病死于台南、后来被日本神格化了的北白川宫能久亲王（1847—1895），在第四任台湾总督儿玉源太郎（1852—1906，于1899—1906年担任总督）主导之下兴建，当时选定的位置即是坐北朝南、俯瞰台北盆地、传说风水极佳有帝王之势的剑潭山。

第二次世界大战日本战败之后，当局整建当时已遭战火毁坏的台湾神宫，抹去殖民标志，原地整建为台湾大饭店。一九五二年，由蒋介石之妻宋美龄领衔成立"台湾省敦睦联谊会"接手经营，更名为圆山大饭店，主要用途是作蒋家接待外宾之用。圆山大饭店最早系将就拼凑而成，规模不大，一直到一九六三年才将饭店的基础设施建设完备，一九六八年甚至被美国《财富》（*Fortune*）评为世界十大饭店之一。

一九七三年，因为擅长使用钢筋混凝土材料表现中国北方宫殿建筑特色，而受到宋美龄青睐的建筑师杨卓成（1914—2006），所设计的新建九脊歇山、黄顶红柱十四层中国宫殿式大楼落成，醒目的新圆山大饭店顿时成为当时名副其实"独占鳌头"的台北地标。

纯粹从建筑美学的观点审视，圆山大饭店其实毁誉参半，它太突兀也太霸气了，完全改变了北台北的天际线，也破坏了位于主建筑后方，由当年台湾神宫残垣改建、一群与新饭店建筑风格近似的低矮建筑物依山势蜿蜒组成的旧圆山大饭店的原始用心。

到今天，蒋家在台湾的影响力已消失殆尽，曾因为建筑高密度采用龙形雕刻而被戏称"龙宫"，建有专用逃

从圆山大饭店远望中山高速公路，可见台北101。

生密道的圆山大饭店依然开放营业，依然扼守在桃园国际机场（在二〇〇六年之前，这座机场是以蒋介石之号为名"中正国际机场"）从高速公路进入台北市的门户，也依然坚持着宫廷地标应有的骄傲身影，但对于包括我在内的现代台北人而言，它更像一具华丽的标本，标示着台北的过去或过去的台北。

101大楼：马拉松地标

台北 101 是东台北信义区的一栋摩天大厦，楼高五〇九米，总楼层共地上一〇一层、地下五层，由少壮派建筑师李祖原（1938—）设计，一九九九年动工，二〇〇四年建成，最初称作"台北国际金融中心"，二〇〇三年改为现名。台北 101 在完工之后一直到二〇一〇年中东迪拜哈利法塔启用之前，大约九年期间，曾头顶"世界第一高楼"光环，目前则是世界第四高楼，并仍保有"全球最高绿建筑""环地震带最高建筑"以及台湾、东亚与环太平洋地区最高建筑的头衔。

说台北 101 是"马拉松地标"，要从信义区的划设开

台北101大楼。

始讲起：一九八〇年代，台湾经济从战后"进口替代"成功转型"出口扩张"，情势一片大好，甚至流传"台湾钱淹脚目"（台湾钱多到铜板满溢而出，洒在地面都淹上脚踝了）的嚣张俗语与发展神话。原本西台北都心已不敷使用，于是，推动东边信义区都市更新，拆除战后随国民政府来台即进驻于此的联勤兵工厂以及有名的四四南村、四四西村等眷村，义无反顾地进行资本主义经典运作逻辑"创造性的破坏"（creative destruction），彻底改变了这一片区域的地景，而其中最具象征意义的就是深具远古巴比伦塔"与天斗"精神的台北101。

节节高升呈宝塔状、直刺天空的101大楼，外观上装饰着内方外圆的通宝铜币标志，并反射出玻璃帷幕的明亮、冰冷、效率的质感，既毫不避讳地强调金钱至上、利润导向的价值观，也呈现资本运转永不停歇马拉松的残酷无情。在建筑美学上如此赤裸裸，如此直截了当，虽然反映了某一部分的真实，却也让人忧心忡忡。

青康龙：闲逛地标

幸亏地标高度"可意象性"（imageability）特征，虽然常从"外在性"（externality）获致，但许多学者也认为有机会从"内在性"（internality）中培养。所以台北不只有101，不只有信义新都心，还有许多值得拜访流连的街道巷弄与著名的聚落夜市，而所谓的"青康龙"，就是其中最有代表性的内在性地标。

"青康龙"指的是青田街、永康街、龙泉街三条街的组合，也就是南台北永康街到台湾师范大学商圈前段一片尚未完全更新的连续旧街区。这里有战后完整保留至今的日式庭园住宅、绿荫大树、雅致小店、传统食堂，以及台北人深层文化基因里的某些纯朴傻气。

台湾作家韩良露曾经为文提到，她带外来友人逛永康街旁位居三楼的"秋惠文库"，这里陈列上千件台湾文物，反映着原住民、荷据、明、清、日据，乃至于国民政府来台后各个时代的常民集体记忆。但这座收藏台湾人生活回忆的小小博物馆，其实是间营业咖啡馆，当有人指着盛在精美瓷杯里细致的鲜奶油咖啡询问价格，而台币一二〇元的答案引发咋舌惊呼时，一位香港朋友忍不住脱口而出："台湾人做生意真傻，在香港没有人会这样做生意的啦！"

永康街景。

上：位于三楼的秋惠文库咖啡馆。下：蔬食"回留"。

同样的评语，一再重复出现他们走访青康龙的茶坊"冶堂"、蔬食餐厅"回留"、推广古琴的"等闲琴馆"，以及各式贩卖生活闲情的宁静小铺，这些都是无需大策划、不必大投资、用不着好大喜功，却绝非昙花一现，能优雅呈现台北温婉人情与安于"小确幸"、即使马拉松掉队也在所不辞的小生意。

这种难得的、韩良露称之为"把生意做成文化"的

东京晴空塔。

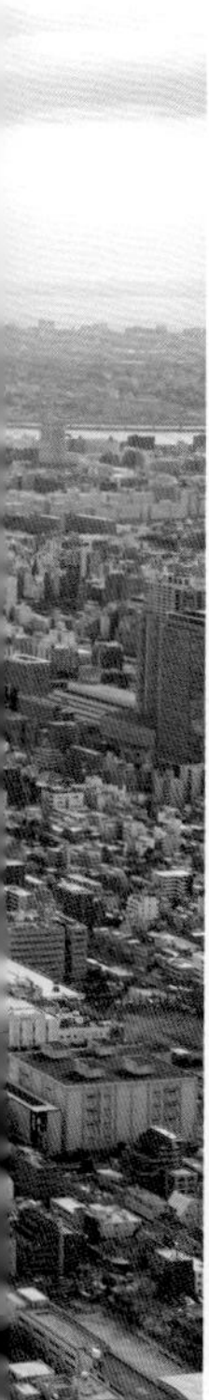

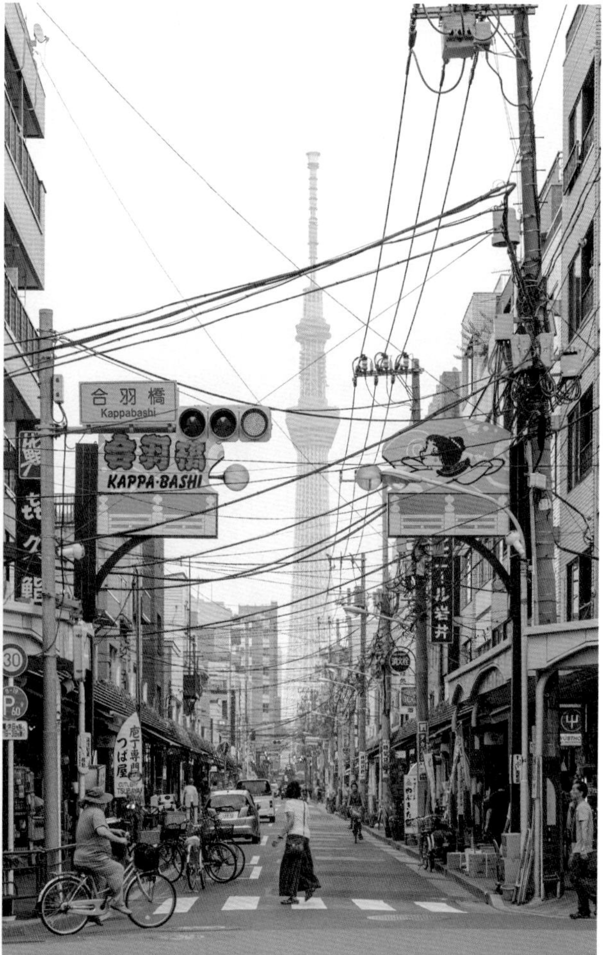
合羽橋
Kappabashi
KAPPA·BASHI

美国拉斯维加斯巴黎埃菲尔铁塔复制品。

傻，居然可以标示在台北地图，而且内化成一种感觉地标，让人珍惜。不过，英国作家王尔德不也曾如此点评："没有乌托邦的世界地图，根本不值得一瞥。"

自由摆渡新地标

金字塔是过去，马拉松是现在，而"闲逛"有没有机会成为未来，或者只是不切实际的想望？

德国哲学家本雅明（Walter Benjamin, 1892—1940）曾演绎"闲逛者"既观察现代城市生活，也抵抗现代城市生活。为了抗拒愈趋商品化、讲求效率和速度的城市空间运作逻辑，他们以"缓慢"来对抗城市，消磨时间，甚至超越时间，感受到历史在城市纹理中的沉淀积累，因此能游走在具体的、想象的、过去、现在、未来，二维甚至三维，更广义的空间里，并让自己成为自由游走的"摆渡者"。

从无法移动的古典地标，到自由摆渡"重新定义了的"新地标，台北，就像所有的城市一样，永远洋溢着进步的无限可能与希望。

布拉诺岛上的彩色房子《贝碧之家》。

34

Color of City

发现城市的色彩

城市应该是充满色彩的，充满着缤纷、迥异于自然之美的人造色彩，这色彩应该是城市最吸引人的特色之一，也是"城市风景"最重要的一部分。古巴裔作家卡尔维诺（Italo Calvino, 1923—1985）在他有名的文学作品《看不见的城市》中，就曾借马可·波罗之口以梦幻似的文字，描述一座城市里的各种色彩：

> 你……发现摩瑞安那城出现在面前，雪花石膏的城门，在阳光下显得晶亮透明，珊瑚圆柱支撑镶嵌着蛇纹石的山形墙，别墅都以玻璃造成，像水族馆一样，披着

威尼斯附近的布拉诺岛上的缤纷建筑物。

以色列特拉维夫跳蚤市场入口的旧家具和杂物。

银色亮片的跳舞女郎身影，在蛇发女妖状的枝形吊灯底下穿游。如果这趟不是你的初旅，你已经知道像这样的城市，会有相反的一面：……四处散布、满是锈蚀的金属板，粗麻制的忏悔服，尖钉林立的木板，被油烟熏黑的烟囱，成堆的马口铁罐，被斑驳符号遮盖的围墙，草编椅子的框架，以及只能用来将自己吊在腐朽梁木上的烂绳子。

忽必烈所统治的世界里，城市的色彩丰富得让旅人的眼睛忙得不可开交，但是在我们的时代里，城市却迅速褪色。仿佛在资本主义大获全胜的新世纪，人们必须讲求速度、效率、本益比，没办法也没心情去欣赏或甚至营造城市的色彩，于是人们的聚落变成单调的"水泥丛林"，间或夹杂着许多原本用意是要反射城市风景的玻璃帷幕大楼，但是现在这些大片的、光滑明亮、需要别人的特色来彰显自己的帷幕玻璃，却落得只能映射与自己一模一样的、我们称之为"国际主义风格"的其他玻璃帷幕大楼。于是，在住宅区，建筑物黯淡丑陋；在商业金融区，建筑物发亮刺眼；但城市真的愈来愈缺乏色彩了。

似乎连市民的穿着也单调化了，不知道从哪一个年代开始，也许有几十年了吧，全世界主要城市的主流服饰风潮总是强调暗色调与同色系，特别是黑色与灰色。也许这类的颜色强调冷酷、疏离与品味，有现代感，但也因此改变了整个城市的气氛，看看冬天的巴黎，几乎男的、女的、老的、少的，所有的人都穿着不同质料与不同设计剪裁的黑色大衣，现代化得几乎令人窒息。

　　当然，在这个世界上还是有些边缘化的城市在光鲜亮丽的色彩里愉快地生活着，特别是那些阳光比较充裕的城市，譬如西非塞内加尔被誉为"非洲小巴黎"的达喀尔、中美洲融合西班牙风格与印第安传统的危地马拉城，或者南美热情城市的代表里约热内卢……如果有机会，一定得去拜访。

发掘城市的色彩

　　在等待"到'那些城市'拜访的机会"的同时，我们似乎也不应该就对自己熟悉的城市放弃希望，其实，只要愿意，我们还是可以从生活中或旅行中发现一些可

巴黎一位女性在涂鸦前遛狗。

旧金山九曲花街。

亲的色彩：譬如在巴黎的传统市场逛逛，小小的卖腊肠、腌肉和奶酪的店铺，就映射出温暖的暗红色系色彩，给人一种饱足幸福的感觉；法国海滩城市尼斯的市集里，我们可以发现充满各种你能想象色彩的美丽香料摊子，当然也伴随着所有你能想象与不能想象的香味。而城市角落里的一座旋转木马，一个小小的旧货摊，都可能带给你色彩的惊喜。

当然生活中的色彩可以更刻意一点，刻意并无损色彩动人的美，反而让人有节庆的感觉。譬如旧金山有名的"九曲花街"（Lombard Street），高雄地铁站的彩绘玻璃装饰，或是在一九九三年六月二十一日夏至那一天，日裔服装设计师高田贤三曾以各色玫瑰和海棠，将巴黎现存最古老的石桥"新桥"装饰得灿烂耀目，让市民了解色彩可以如何地改变一些我们熟悉的事物，乃至于我们的心情。虽然这色彩只出现一天，但它们在市民或观光客心灵图版上存留的时间，恐怕不比马可·波罗对摩瑞安那城色彩的记忆来得短暂！

至于我自己，最美的城市色彩记忆来自于距威尼斯本岛北方四十五分钟水上巴士旅程的布拉诺岛（Burano），

上：巴黎甜品店的马卡龙。下：布拉诺岛生产的蕾丝。

在这个以蕾丝生产出名的小镇上，建筑物的缤纷让人印象深刻。每一户镇上居民都选择一种与邻居不同的色彩作为壁面调色，原本呈灰白的白垩土抹墙灰浆加入砖粉，就成了砖红色；加入自然石粉，可以调成黄色或粉红色；加入氧化的金属粉末，则变成绿色或蓝色，在大同小异的建筑立面上，一长排房子竟拼贴成色块式的百衲彩衣，彩色的墙面映射在运河河水上，又转成流动的抒情抽象画。如果愿意更细心地找寻，嘉禄比大道（Baldassare Galuppi）三三九号的"贝碧之家"（Casa Bepi）是所有彩色房子中最奇特的了，别家是一户一色，它则是将所有的色彩统统一小块一小块地贴在自家门面上，让人眼花缭乱，一直到晚上做梦都好像在万花筒里打转。

旅行，在某个意义上不是也就是出去寻找一些熟悉或不熟悉的，人生色彩？

35

Street Performance

城市街头艺人

有时候观察城市，我们会惯性将目光偏重地落在那些街道、建筑、公共家具等人造物之上，而竟忽略了其中的人。但其实城市原本是"死物"，有了人在其间居住，并按照某种社会规则组织与运转，形成日常的生产与生活，才有了生气。当这生气不断汇聚、蓬勃、发展，才会焕然活泼，散发生机，也才能动人。

所以，人终究是城市的核心元素，人赋予城市生命，让城市像人一样生产与生活。英国社会学者桑内特（Richard Sennett, 1943—）在经典著作《肉体与石头：西方文明中的人类身体与城市》（*Flesh and Stone: The Body and the City in Western Civilization*, 1994）中，将人类文明

巴黎街头哑剧表演艺人。

布达佩斯街头的手风琴演出。

自古希腊以来的城市特征，浓缩成三种身体形象，借以映照身体体验与城市发展的互动关系。

第一种城市特征类型是"耳朵与眼睛的力量"。桑内特以具体的社会生活事例，向我们展现古典希腊与罗马时代，人们如何单纯地以听觉与视觉直观地参与都市活动，进而塑造城市风格。另一方面，城市形态也会反过来规范与引导人们的身体行为，这些行为反射出古希腊与罗马的意识形态与社会风尚，也呈现城邦市民的文化特征。

第二种类型是"心脏的运动"，用来描述中世纪与文艺复兴时期的城市理念以及"人类是万物之尺度"（Human being is the measure of all things）价值观。如同心脏的压缩与舒张运动，这个时期的城市也在外扩与内缩、辐射与凝聚、想象与限制等二元对立与矛盾之间，挣扎妥协出新的空间结构。

而现代城市的特征，则是"动脉与静脉"：现代医学对于人类身体血液循环理论的发现，极大地改变了城市发展理念。四通八达、层叠架构的吞吐流动车道，平面道路，高架车道，地下铁道……，犹如人体动脉与静脉，循环系统成为现代城市设计的核心哲学。因此迅速流动

上：阿维尼翁的街头画家。下：斯特拉斯堡的街头哑剧表演。

变成城市活动的最高价值，停顿就是阻塞，阻塞意味着浪费、无效率，甚至危险。这种都市设计将效率推到极致，同时却排斥身体对于城市的参与，并且尽可能地阻止人们在公共空间的停留。

于是，大部分人都成为城市的局外人。仿佛要为《史记·货殖列传》里"天下熙熙，皆为利来；天下攘攘，皆为利往"名句下一个现代注脚似的，台湾作家蔡诗萍说："我看到城市里只有两种人。有人站立在城市的中心，与城市的脉搏共同跃动，是属于城市的种族；他们离城可以很远，终无妨他们对城市的支配。另一些人便大大不

非洲布基纳法索首都瓦加杜古街头的手工艺小贩，既是露天店铺，也是一种表演。

巴黎街头自行车表演艺人。

同了，他们或者离城极近，却彻底像个都市边缘人，游牧在日夜交替、巷弄错综的城市里；他们不属于城市，又注定要接受城市的支配。"

幸好城市还有街头艺人

幸亏现代城市里偶尔还残存着深具价值的"第三种人"：街头艺人。他们以更边缘的方式吸引行人驻足观赏，创造欢乐感觉，为城市注入另类的活力。

街头艺术英文作 Street Performance 或 Busking，法文作 Arts de la rue，日本人则称之为"大道芸"（だいど

布拉格街头的喷火表演。

城市街头艺人 **405**

布拉格查理大桥上的街头画家。

うげい），望文生义，就是在城市街头所发生，多少带着即兴性质，接受金钱鼓励，但很多时候往往是免费表演的一种艺术形态。它的历史很古老，至少在古罗马时代，流浪的吉卜赛说书人、歌手、舞者与杂耍演员、魔术师、占卜算命师，就已经穿梭于各城之间，一方面提供定型城市里不常见的娱乐，吸引观看与聆听；另一方面也仿佛开了一扇窗似地带来些不一样的信息与气氛，唤起想象的力量，为几乎沉寂的城市心脏打一支强心针剂，又开始兴奋地怦怦跳动了。

英文 Busking，是从古罗马文与拉丁文的字根 Buscar（寻觅）发展而来。这个词与这项艺术从地中海沿岸和大西洋港口，进入整个欧洲，贯穿城市"耳朵与眼睛的力量""心脏的运动""动脉与静脉"三种模式与三个时期，并仍在我们这个唯效率与速度是求的现代里，坚持传统顽强存活。

于是，在巴黎、伦敦、维也纳、佛罗伦萨、布拉格或布达佩斯，趣味盎然的街头艺术表演，呼应着街道、建筑、公共家具等人造物的结构与纹理，让我们领略，乃至于神游一脉相传的西方城市发展史。

特拉维夫海边的消防栓。

36

Invisible Cities

看不见的城市

　　坐在书桌前，我望着经月整理出来的三十五篇城市观察的文字与图片，仿佛再经历一遍过去二十五年的旅程，但这是不可能的，"逝者如斯夫"，过去不会再回来，留下来的只是记忆，只是感觉。

　　韦尔斯文化学者雷蒙·威廉斯（Raymond Williams, 1921—1988）在伟大著作《漫长革命》（*The Long Revolution*, 1961）里，曾采用"感觉结构"（structure of feeling）这个概念，来描述历史与社会脉络对于个人经验的冲击，在书中，雷蒙·威廉斯以一六六〇——六九〇年英格兰"战败的清教徒与复辟的王室"为例，凸显

不同世代或不同族群、不同阶级各有其不同的感觉结构。一言以蔽之，感觉结构就是在特定之历史时空，经由个人的外在经验与内在诠释，以及族群集体记忆，所形塑而成的生活方式与生命认知。譬如对于生活在城市里的人们而言，某种建筑形式、某个地点、某件街道家具或公共艺术作品、某样交通工具、某些空间中微不足道的纹理质地，都是感觉结构重要元素的一部分。

但是感觉结构也是变动不居的。法国历史学者薛瓦利耶（Louis Chevalier, 1911—2001）《巴黎谋杀》（*L'Assassinat de Paris*, 1977）一书首页，即气急败坏地宣称："城市也会死亡"（les villes aussi peuvent mourir）。他一方面哀悼前一个时代巴黎的感觉结构一去不复返，而另一方面，薛瓦利耶更愤愤不平的是，居住与生活其间的巴黎市民们，既无意亦无力去扭转时代更替，甚至无感于时代变迁。

时代更替与时代变迁有些看得到，更多看不到，无可捉摸，只是一种感觉，或者是一种论述。如同罗兰·巴特说的："城市是个论述。……我们仅仅借由住在城市里，在其中漫步、观览，就是在谈论自己的城市，谈论

412

我们身处的城市。"因此，城市仿佛是有意义且能被阅读的文本，我们既书写，也阅读，而这正是柏拉图曾尝试描述的某种"城市精神"："人太渺小，宇宙太大，而城市就像一本书，书中的字体大小，完全配合我们的洞悉能力。"

但书有书的限制，固然中国古人有"言以明象，立象以尽意"的理想期待，但如同《庄子·外物篇》的当头棒喝："言者所以在意，得意而忘言。"有时候，看不见的很重要，也许比看得见的更重要，似乎这正是卡尔维诺《看不见的城市》(*Le città invisibili*, 1972)的主题：人们建构城市，书写城市，然后解构城市，质疑城市，借由这个解放的过程，再现、幻想、超越，因此获得自由。

翻过几遍《看不见的城市》，私心喜欢，也认真读了几篇分析论文，自以为看穿卡尔维诺游走虚实，开放读者多重解读、多重思辨的"用意"。可惜"得意而忘言"始终只能想象，却无法在自我生命中印证。

我继续旅行，继续拍下自以为独特的、观看城市的照片。

巴黎记忆之三。

巴黎记忆之四。

巴黎记忆之六。

没办法不在乎的事

一天，一位老朋友翻看我的旅行相本，突然下了个一针见血的评论："你的照片里总都看不见人，少了人影、人气与人味，所以也缺乏灵魂的深度与感动的力量。"

这评论虽然有点儿伤人，却也实在说得好极了，可怜我却无从改善。自己当然希望能够拍出像那位《国家地理》杂志摄影记者的《阿富汗少女》一样的传世照片，但在旅途之中，软弱的我始终无法直视陌生人的眼睛，更遑论拍下他们的照片，每一次鼓起勇气举起相机，每一次都颓然放弃，仿佛有一种比我更强大的力量，阻止我做自己一直渴望做的事。无可奈何，我只好继续搜集垃圾桶、海报柱，或消防栓。

某一年夏天，我来到以色列的特拉维夫，住在海边的旅馆里。也许因为位居阿拉伯世界的冲突中心，时有战火，常须灭火，特拉维夫是我知道的拥有最多消防栓的城市之一，甚至连与海相连的沙滩上也几步就设有一个，非常奇特。于是特地起个大早，趁着四处无人，打巴黎记忆之七。

巴黎记忆之八。

算拍几张消防栓特写。这时候，海滩那头出现两位勾肩搭背、相依蹒跚的妙龄美丽女子，看来应该是天亮收工回家的阻街俄罗斯妓女。在微亮的晨曦里，女子的高挑身材、互倚身影、紧身衣裙、高跟马靴，对比浓妆与疲惫的容形神色，刹那之间构成一幅惊心动魄的强烈画面。我举起相机，正想第一时间捕捉这景象，心里突然涌起一阵不忍，却又放了下来。两位女子的其中一位向我轻轻摆手，表示不在乎，示意可以自由拍照，然而我终究没有办法按下快门。只就转头拍下了海边的，消防栓。

至少因此认清，有些事情，我还是没有办法不在乎。

没有办法不在乎的是，没有照片，看不见，无法言宣的，我的城市感觉结构。

图书在版编目(CIP)数据

城市的 36 种表情/杨子葆著.—北京:商务印书馆,
2020
ISBN 978 - 7 - 100 - 18932 - 3

Ⅰ.①城… Ⅱ.①杨… Ⅲ.①城市规划—研究
Ⅳ.①TU984

中国版本图书馆 CIP 数据核字(2020)第 153683 号

城市的 36 种表情

杨子葆 著

商 务 印 书 馆 出 版
(北京王府井大街36号 邮政编码100710)
商 务 印 书 馆 发 行
北京雅昌艺术印刷有限公司印刷
ISBN 978 - 7 - 100 - 18932 - 3

2020 年 10 月第 1 版　　开本 787×1092 1/32
2020 年 10 月北京第 1 次印刷　印张 13¼
定价:78.00 元

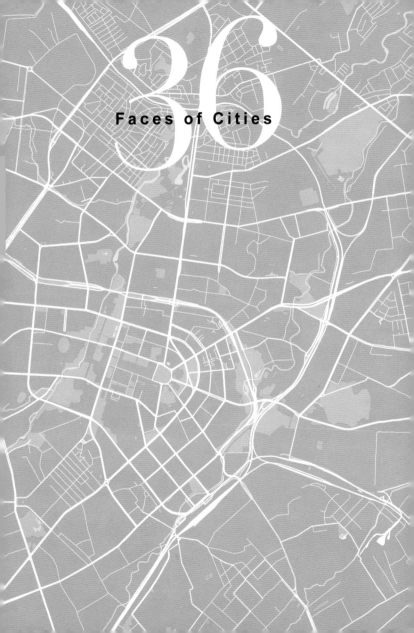

36

Faces of Cities